培养料发酵翻堆

5ZYD−17、15、20 型 自动化装袋机

新型自动化拌料机

机械装袋作业

知能工厂化冷房栽培长菇　引自《食用菌市场》

菇房外观

菇房内培养架

现代化栽培菇房

菌袋架层摆放培养

菌袋平地摆放培养

菌袋定期翻堆检查

白灵菇罐头生产线及产品（引自湖北省广水吉阳食品公司罐头厂）

建设新农村农产品标准化生产丛书

白灵菇标准化生产技术

丁湖广　丁荣辉　编著

金盾出版社

内 容 提 要

本书由我国著名食用菌专家丁湖广高级农艺师和“白灵菇之乡”的吉阳食品(广水)有限公司董事长丁荣辉编著。内容包括:白灵菇生产基础设施标准化,白灵菇菌种标准化,白灵菇栽培技术标准化,白灵菇特殊栽培技术标准,病虫害防治技术标准以及产品保鲜加工分级等操作规程和标准。内容新颖、技术规范,针对性与可操作性强,适于农村广大菇农及菇业技术人员阅读,对农林院校师生、科研和标准化管理人员,亦有参考价值,还可作为职专技能培训教材。

图书在版编目(CIP)数据

白灵菇标准化生产技术/丁湖广,丁荣辉编著.—北京:金盾出版社,2007.3
(建设新农村农产品标准化生产丛书)
ISBN 978-7-5082-4452-5

Ⅰ.白… Ⅱ.①丁…②丁… Ⅲ.食用菌类-蔬菜园艺-标准化 Ⅳ.S646

中国版本图书馆 CIP 数据核字(2007)第 004731 号

金盾出版社出版、总发行
北京太平路 5 号(地铁万寿路站往南)
邮政编码:100036 电话:68214039 83219215
传真:68276683 网址:www.jdcbs.cn
彩色印刷:北京印刷一厂
黑白印刷:北京金盾印刷厂
装订:东杨庄装订厂
各地新华书店经销
开本:787×1092 1/32 印张:4.375 彩页:4 字数:92 千字
2007 年 8 月第 1 版第 2 次印刷
印数:11001—22000 册 定价:5.50 元

序　言

随着改革开放的不断深入，我国的农业生产和农村经济得到了迅速发展。农产品的不断丰富，不仅保障了人民生活水平持续提高对农产品的需求，也为农产品的出口创汇创造了条件。然而，在我国农业生产的发展进程中，亦未能避开一些发达国家曾经走过的弯路，即在农产品数量持续增长的同时，农产品的质量和安全相对被忽略，使之成为制约农业生产持续发展的突出问题。因此，必须建立农产品标准化体系，并通过示范加以推广。

农产品标准化体系的建立、示范、推广和实施，是农业结构战略性调整的一项基础工作。实施农产品标准化生产，是农产品质量与安全的技术保证，是节约农业资源、减少农业面源污染的有效途径，是品牌农业和农业产业化发展的必然要求，也是农产品国际贸易和农业国际技术合作的基础。因此，也是我国农业可持续发展和农民增产增收的必由之路。

为了配合农产品标准化体系的建立和推广，促进社会主义新农村建设的健康发展，金盾出版社邀请农业生产和农业科技战线上的众多专家、学者，组编出版了《建设新农村农产品标准化生产丛书》。“丛书”技术涵盖面广，涉及粮、棉、油、肉、奶、蛋、果品、蔬菜、食用菌等农产品的标准化生产技术；内容表述深入浅出，语言通俗易懂，以便于广大农民也能阅读和使用；在编排上把农产品标准化生产与社会主义新农村建设巧妙地结合起来，以利农产品标准化生产技术在广大农村和广大农民群众中生根、开花、结果。

我相信该套“丛书”的出版发行，必将对农产品标准化生产技术的推广和社会主义新农村建设的健康发展发挥积极的指导作用。

王连铮

2006 年 9 月 25 日

注：王连铮教授是我国著名农业专家，曾任农业部常务副部长、中国农业科学院院长、中国科学技术协会副主席、中国农学会副会长、中国作物学会理事长等职。

前言

白灵菇是我国近年来新开发的一个名贵珍稀菇种。它以洁白无瑕、脆嫩爽口，近似鲍鱼的风味和较好的保健功能为特色，在众多的菇品市场上独领风骚，被誉为“草原牛肝菌”、“西天白灵芝”、“天山神菇”和“蚝菇王”。

白灵菇发展历程仅有10年，1996年10月北京首先从新疆引进栽培成功，很快由京都辐射长城内外，大江南北各省市，形成商品化栽培，产量直升，效益可观。成为各地兴农富民的“白元宝”，列入农业产业化结构调整的一个重要项目。这一珍稀菇种开发成功，使中国人感到自豪！日本《特产情报》主编大桥等，韩国康·理查德，先后专访我国白灵菇生产基地，备加赞赏。

白灵菇现已成为我国食用菌产业中大有潜能的一个特殊物种。从发展历程和新形势要求的眼光看，在整个产业链中尚存在许多薄弱环节。突出的是栽培技术不规范、产量不稳定、产品不上档次，影响栽培者经济效益，归根结底是白灵菇生产缺乏标准化管理。2005年1月16～19日，中国食用菌协会，中国食品土畜进出口商会等单位在“白灵菇之乡”的湖北省广水市举办“中国（广水）食用菌标准化生产研讨暨珍稀菇品（白灵菇）交易会”。来自日本、澳大利亚、新加坡、泰国、马来西亚和国内各地专家学者和企业家进行了专题研讨。笔者丁湖广发表了《白灵菇标准化综合体系建设的研究》论文。这次研讨会，对我国的白灵菇产业引向纵深发展起到一定作用。

白灵菇标准化生产是确保产业可持续发展的关键，也是使产品逐步走向国际市场立于不败之地的根本措施。由于白灵菇面世历史不长，整个产业的标准化建设尚在研究和有待完善阶段，需要科研、教学、生产和加工各相关部门通力协作，深入探索制定出完整性、层次性、先进性、协调性和可持续性的白灵菇标准体系。为此，本书编写过程按照CMP（生产全程规范）和ISO9000（国际质量体系认证标准）及HACCP（国际食品认证标准）以及国家农业部NY/T 749-2003《绿色食品 食用菌》等标准为契机，以市场为导向，技术为支撑，实用为宗旨，广泛收集现有各主产区白灵菇生产实践中各个环节的技术规程质量要求，关键控制点等资料，高标准，严要求筛选对比，系统整理，编成这本《白灵菇标准化生产技术》小册子。希望能为加速实现我国白灵菇产业的标准化提供有益的参考！

本书在编写过程得到华中农业大学罗信昌教授的热情指导和湖北省广水市委、市政府领导的支持，市科技局把本书编写列入湖北省科技厅立项的《白灵菇吉灵2号有机栽培技术》科技攻关项目中的子课题，在此谨表谢意！书中资料来源范围较广，引用成果尚未署名的望予见谅！对他们的发明表示崇敬。由于编写时间紧迫，涉及内容较新，笔者水平有限，难免有错漏之处，敬请广大读者批评指正！

丁荣辉　2006年11月

于中国"白灵菇之乡"——湖北省广水市吉阳食品有限公司

通讯地址：湖北省广水市技术经济开发区鄂北大道18号吉阳大厦

电话：0722-6429999　6430108　　传真：0722-6430149

E-mail：drhok@163.com　　邮编：432700

目 录

第一章　白灵菇概述

一、白灵菇经济价值

白灵菇是我国近年来新开发的一个珍稀菇种。它冰清玉洁、雪白无瑕、质地肥厚、脆嫩爽口、风味独特，近似鲍鱼；且营养丰富，又有保健功能，令人赞不绝口，赢得了国内外消费者的青睐，被誉为“西天白灵芝”、“草原牛肝菌”、“菌中之冠”，国外称之为“蚝菇王”（Kingoyster Mushroom）是众多珍稀菇品中的佼佼者。

1998 年 3 月 27 日，原农业部副部长杜子端为白灵菇题词：“白灵菇稀世珍品，增智美容抗衰老”，时任国家商业部潘遥部长题词：“稀世珍品白灵菇、益智增寿献人间”。1999 年 9 月，国际蕈菌生物技术服务中心张树庭教授挥笔：“开发白灵菇，志在五大洲”。中国菌物学会卯晓岚副理事长为白灵菇的面世写了“金楼迎春玉兰花、信息喜报白灵菇”等，国内外知名专家，都对白灵菇给予极高的评价。

(一)营养超群

白灵菇营养成分丰富，根据国家食品质量监督检测中心分析，白灵菇蛋白质含量高达 14.7%，在蛋白质中含有多种氨基酸。在灰分中含有钾、钠、镁、钙、锌、铜、磷、硒等，特别是钾、磷含量丰富。其营养成分含量见表 1-1。

表 1-1　白灵菇的营养成分

项　目	含　量	项　目	含量(毫克/千克)
蛋白质	14.7%	钾	16398
碳水化合物	43.2%	钠	190
脂　肪	4.31%	钙	98
粗纤维	15.4%	镁	597
灰　分	4.8%	锰	2.2
维生素 C	26.4 毫克/100 克	锌	17.5
维生素 E	<0.02 毫克/100 克	铜	3.2
多　糖	190 毫克/克	磷	5190
		硒	0.068

白灵菇的各种氨基酸含量见表 1-2。

表 1-2　白灵菇的氨基酸含量　(单位:毫克/100 克)

项　目	含　量	项　目	含　量
天门冬氨酸	1174.9	亮氨酸	790.2
苏氨酸	450.4	酪氨酸	241.3
丝氨酸	450.2	苯丙氨酸	447.8
谷氨酸	1707.0	赖氨酸	569.0
甘氨酸	555.7	氨	468.7
丙氨酸	562.3	组氨酸	213.5
胱氨酸	47.5	精氨酸	1002.3
缬氨酸	674.6	脯氨酸	699.6
蛋氨酸	154.8	色氨酸	—
异亮氨酸	470.1	合　计	10679.9

白灵菇子实体的必需氨基酸组分比真姬菇、秀珍菇和鸡

蛋都高,见表1-3。

表1-3 白灵菇子实体的必需氨基酸对比表

氨基酸组分名称	白灵菇	真姬菇	秀珍菇	鸡 蛋	FAO/WHO模式
异亮氨酸	7.5	8.4	5.6	6.6	4.0
亮氨酸	7.1	5.7	7.4	8.8	7.0
蛋氨酸+胱氨酸	3.0	2.1	2.2	5.5	3.5
苯丙氨酸+酪氨酸	7.2	5.7	7.2	10.0	6.0
苏氨酸	7.3	4.3	5.8	5.1	4.0
缬氨酸	5.8	10.1	5.8	7.3	5.0
赖氨酸	5.5	5.4	6.2	6.4	5.5
总 量	43.4	41.7	40.2	49.7	35.0

(引自肖淑霞,2003)

从表1-3可以看出,白灵菇子实体的必需氨基酸总含量最高,分别比真姬菇、秀珍菇和FAO/WHO标准高4.08%、7.96%、24%,是鸡蛋的87.32%。

(二)药效神奇

白灵菇子实体是腐生或寄生于新疆的一种阿魏植物(*Ferulasjnkiangensis*)的根茎上。阿魏在中草药医书记载,"阿魏消积、杀虫,用于腹部肿块,肝脾肿大,脘腹冷痛,中积、内积",因此,白灵菇具有中药阿魏的药物功效。据《中国药用真菌图鉴》(1987)记述:此菇"可治胃病,其药效同阿魏"。当地群众把它称为可治病的"天山神菇"。据近年医药学家研究报道:白灵菇具有清积化淤、消热解毒、治疗胃病、伤寒等功效。白灵菇真菌多糖,具有抗癌、抗氧化,可以作为一种生物调节剂(BRM),调节人体生理平衡、增强免疫功能,对腹部肿块，脾肿大等有治疗作用。其不饱和脂肪酸与人体血液中的胆固醇结合成胆固醇酯，有降低血压，防止动脉硬化的作用。其维生素是防治儿童佝偻病、软骨病，中老年骨质疏松症的首选药食，因此成为可食可补的时尚保健食品。

（三）品质居冠

白灵菇商品性状优于众多菇蕈，具有 4 大特点。

1. 组织紧实 肉质爽滑细嫩，嚼劲齿感近似鲍鱼，耐炒、耐煲、涮、炸、扒、炖皆宜，味道独特，适口性强，享有“素鲍鱼”美称。

2. 洁白无瑕 以雪白色泽给人无公害的灵感，正迎合当今市场“崇尚珍稀，向往绿色，关心安全，注视保健”的消费新理念。

3. 保鲜性强 菇体粗纤维含量高达 15.4%，比香菇 7.11%高 1 倍多，比金针菇 3.34%高 4 倍。因此，保鲜性能好，采收后装袋，抽真空，减压，打冷包装进超市，货架期可达 20～25 天，不变褐，不软腐。

4. 耐贮性好 适于加工罐头和清水软包装或盐渍，贮藏期长达 2 年，质地不变，因此很受欢迎。

二、白灵菇生产现状

（一）从天山走出

白灵菇这一“天山神菇”、“西山白灵芝”，原产地为新疆，1996 年之前只是小规模人工栽培。但对全国市场来说，它还是“身在深闺人未识”，直到 1996 年 10 月间，北京孔传广从新疆引进该菇种栽培，1997 年 3 月 11 日，北京市通县人民政府组织召开白灵菇生产开发论证会，专家给予肯定。到 1998 年，白灵菇生产量仅有 80 吨上市，成为“奇货可居”的名贵珍品。

（二）形成产业化

1. 京都辐射大江南北 北京金信食用菌公司白灵菇开发成功，使白灵菇成为消费热点，其价格昂贵。2000 年白灵菇空运广州，最高时每件 5 千克，售价 400 多元，平均 80 元/千克，价高诱人，生产迅速发展。2000 年全国白灵菇总产量跃上 2 000 吨左右。主要产区分布北京、天津、河北、河南、甘肃、内蒙古等省、市、自治区，随后迅速扩展至大江南北地区。2002 年全国有 12 个省、市投产，白灵菇总产量达到 34 325 万吨，比 2000 年翻了 16 倍，其产季集中在秋末、冬季和早春上市。

2. 突破夏季无菇缺口 白灵菇在夏季市场上难以见到。北京天吉龙、新疆罗氏、云南忠义等企业，率先投资兴建冷库人工调控进行白灵菇工厂化生产，产品夏季上市，卖好价，获高效。随后天津、河南、山东等地相继利用水果水产的闲置冷库，进行改造用于反季节夏育白灵菇；有的地区充分利用山洞和高海拔山区夏季自然气温低的场地，进行季节性栽培出菇；此外新疆、山东等科研单位通过选育高温型白灵菇菌株，使出菇提前或延后，由此填补了夏季白灵菇市场的空白，构成晚秋、冬、早春和夏季，周年有菇上市的新格局。

3. 全国瞄准致富“白元宝” 白灵菇被认为是农民致富的“白元宝”，成为各地农业产业化结构调整兴农富民工程的一个重点项目，出现了一批商品化生产基地。河南焦作市

2005 年产出白灵菇 13 898 吨，仅白灵菇一项农民增收 50 万元。地处鄂北山区的广水市 2005 年发展白灵菇 250 万袋，并创建了白灵菇罐头加工厂，形成生产、加工、出口一条龙。现有白灵菇产区遍及 19 个省、市。据《食用菌市场》统计资料：2004～2005 年产季，全国白灵菇总产量 81 839 吨，其中天津 9 000 吨，河北 7 896 吨，山东 6 200 吨，河南 42 238 吨，新疆 3 600吨，山西 2 000 吨。2006 年秋季，全国栽培量比上年有所下降。如今白灵菇已成为我国食用菌产业中大有潜能的一个特殊品种。

(三)国内外市场前景看好

白灵菇产品经过近 10 年来由小到大，由专供特需享用，到平常百姓餐桌，消费面一年比一年扩大。现有白灵菇国内消费量占总产量 83%，主要是宾馆、酒楼、餐厅、机关、食堂、超市、菜市场。而出口量仅占 17%，主要是保鲜和罐头制品及美味即食品，主销日本、新加坡、韩国、美国、加拿大等 10 个国家及我国香港特区。由于白灵菇具有色泽、品质、口感、风味优于其他菇种，所以市场销售潜力巨大。只要坚持无公害生产，并逐步向绿色和有机栽培标准化生产方向发展，中国白灵菇必然成为国内外市场畅销的名优特色产品，发展趋势令人满意。

三、白灵菇生物学特性

(一)白灵菇名称鉴定

白灵菇，又名白灵侧耳，学名 *Pleurotus nebrodensis*（Inzengae)Quél(卯晓岚 1997)其含义为白色,形似灵芝状的一种侧耳物种,商品名为白灵菇,属伞菌目,多孔菌科,侧耳属。白灵菇拉丁文名,最初是意大利内布罗迪山 Ncbrodi 命名。英文名 Whitre Sanctley Mushroom(Baoehl mushroom)。

白灵菇面世之后,各地相继进入产业化生产,出现了商品名称混乱,张冠李戴,混淆视听。1997 年市场上有一种质味色泽近似白灵菇的杏鲍菇,又名刺芹菇,刺芹侧耳,有人也称它为白灵菇。有一本《珍稀菇菌》书的彩图上,将杏鲍菇标名为白灵菇。另外,新疆原来将与阿魏有关的菇,均称阿魏菇或阿魏蘑;还有人将白灵菇,称之为玉雪阿魏蘑、翅鲍菇等,商品名称极为混乱,给商业和消费都带来辨认不清的麻烦,同时也影响了白灵菇的声誉。

为了使白灵菇名正言顺,我国菌物学家卯晓岚研究员,对人工栽培的白灵菇、杏鲍菇,经 DNA 图谱研究,肯定了白灵菇,不是阿魏蘑。它与杏鲍菇,阿魏蘑同是侧耳的变种,均可作为独立的菇种。在形态分类只能说明亲缘关系上为有联系的菇种。这 3 种近缘菇种的形态学角度对比,有明显的区别,见表 1-4。

表 1-4 白灵菇、阿魏蘑、杏鲍菇形态学对比

中文名称	拉丁学名	菌盖	菌柄	菌褶	孢子形状大小	担子小梗	习性
刺芹侧耳(刺芹菇、杏鲍菇)	*Pleurotus eryngii*	灰色,灰褐色,直径 4～8 厘米,中部平或稍凹	白色粗壮长 3.5～15 厘米,粗 0.8～4 厘米	污白色,变暗色,淡土褐色,一般不皱曲	椭圆形,7～11 微米×4～5.3 微米	4 小梗,少数 2 小梗	生刺芹茎基部

续表 1-4

中文名称	拉丁学名	菌盖	菌柄	菌褶	孢子形状大小	担子小梗	习性
阿魏侧耳（阿魏蘑、阿魏菇）	*Pleurotrs ferulae*	灰褐色，变灰白至污白色，直径 5～15 厘米，中部平或下凹	白色、污白色，长 2～7 厘米，粗 1～3 厘米	污白变暗，不皱曲	椭圆形或长方形 12～14 微米×5～7 微米	4 小梗	生阿魏茎基部
白灵侧耳（白灵菇）	*Pleurotus nebrodensis*	纯白色，平滑，直径 4～13 厘米，中部凸起	纯白，长3～4 厘米，粗1～3 厘米	白色，变淡肉粉色或淡红褐色，有时皱曲	椭圆形，10.8～14 微米×4.8～6 微米	2～4 小梗	生阿魏茎基部绵毛芹、刺芹

录自《食用菌市场》2006 年 5 期

这次在编写《白灵菇标准化生产技术》中，笔者特收集这 3 种菇的子实体彩照，让读者识别它们之间不同的形态。

(二)白灵菇形态特征

白灵菇是一种大型真菌，菌丝体浓白，锁状联合明显。子实体为单生或丛生，为侧耳状，菌盖侧生，初期呈现半球状，后期平展，子实体肥大而厚，色泽洁白，单朵一般 100～200 克；菌盖直径 8～15 厘米，柄粗短，长 2～4 厘米，柄实心；菌褶延生、密集、不等长，奶油色或黄白色，菌褶上寄生大量担子和担孢子。孢子无色，一般为 5～6 微米×12～14 微米。

白灵菇形态由于菌株不同或栽培环境条件和技术的差异，以及采收后处理不一，其形态也有别。现有市场上的商品白灵菇外观形态有 5 种类型，其主要特征如下。

1. 掌形 菇体洁白，形状似掌，又有长掌状和短掌状；肉质肥厚紧密，菇柄侧生，短小。

2. 漏斗状 菇体洁白，形似漏斗，菌柄居中或偏侧，上粗下细，肉质偏薄，色泽洁白。

3. 面包形 菇体洁白至乳白，肉质肥厚紧密，盖面中间稍肥似面包，柄短粗；多为冷库控温栽培的产品。

4. 马蹄形 菇体白色或乳白色，形似马蹄，肉质肥厚紧密，柄侧生中粗。

5. 扇形 菇体白色至乳白色，形似扇状，肉质中厚紧密，菌柄侧生稍小。

以上5种形态不同的白灵菇，其营养成分无差异，但在消费上则是各取所需。作为罐头制品原料菇，多选择掌形、马蹄形和面包形，因其菇体肥厚，经杀青装罐高压后，肉质更加紧密，切成薄片断面细腻，质似鲍鱼。而酒楼、宾馆、餐厅等餐饮业，鲜菇烹饪认为扇形、马蹄形，观赏性强，适于拼盘典雅菜谱，因此在商品价值上相对高些。而漏斗形体态美观度差些，商品价值相对也低些。而畸形菇价值更低，一般只比平菇价位稍高些。

（三）白灵菇生长条件

白灵菇从新疆野生驯化，进入各省、自治区大面积商品化栽培，经10年时间的实践，基本上掌握了其生长发育所需要的生态条件。

1. 营养 野生白灵菇发生于伞形科阿魏刺芹和拉瑟草等草本植物的根茎，以营腐生或寄生生活。人工栽培可以采用富含纤维的农作物秸秆，如棉籽壳、玉米芯、葵花秆、葵花籽壳及加工厂杂木屑、甘蔗渣之类作为碳源；同时添加麦麸、玉米粉或米糠，以及石膏粉、碳酸钙、过磷酸钙等作为矿质元素和维生素的添加剂。上述原材料装入塑料袋内，经过技术处理成为培养基，这是白灵菇生长发育的载体，只要配料合理，含水量适宜，碳氮比15～25∶1就能满足其生理要求。

2. 温度 白灵菇属于中低温型菌类，低温刺激、变温结实是一个主要特点。菌丝生长温度范围5℃～30℃，而最适温度为25℃～26℃，超过35℃停止生长，20℃以下生长速度明显下降。诱发原基形成要求低温刺激在0℃～13℃之间，并需要日夜温差10℃以上的刺激。多数菌株子实体发育8℃～20℃范围均能生长，但以8℃～15℃最适。15℃～20℃生长最快，但肉质偏薄；8℃～13℃子实体生长缓慢，但组织紧密，品质最好；0℃～5℃低温条件下不能正常长菇。白灵菇子实体生长期对高温极为敏感，长菇期超过20℃，除个别高温型菌株外，多数不能形成原基，就是有原基也不能正常分化菇蕾；已长成子实体的，还很容易变褐腐烂。

3. 水分 白灵菇耐旱能力是其他菇类所不及的，其菌丝生长培养基含水量60%左右最佳。含水量偏高，菌丝体生长缓慢，污染率高；含水量过小，菌丝难以从营养生长转入生殖生长，不利于出菇。菌丝生长阶段空气相对湿度70%以下，也就是干燥环境菌丝生长发育正常。子实体发生阶段要求基质内含水量50%～55%，若含水量偏低，影响原基分化和菇蕾形成。长菇期空气相对湿度85%～90%最适，如果低于70%，则长菇少，生长慢，菇体小，产量低，菇色变黄，品质下降；如果高于95%，又不通风，则容易发生细菌性褶斑病和烂菇。

4. 空气 白灵菇属好气性真菌，菌丝生长或子实体发生，均需充足氧气。发菌期菌丝在袋内需氧量少，室内适当通风。长菇阶段菌丝代谢旺盛，呼吸强烈，需氧量大，而长菇期又处于冬初，若栽培房棚通风不良时，子实体生长缓慢或变黄。房棚内二氧化碳浓度超过0.1%时，容易产生畸形菇、长柄菇或小盖菇，降低商品价值。近年来研究发现白灵菇子实体生长期对二氧化碳浓度有一定的耐受力，所以在冷库和人防工事栽培中，能正常发育生长。

5. 光照 菌丝生长期不需要光线，遇光时菌袋表面会形成一层菌皮，不仅消耗营养，也影响原基形成。原基形成菇蕾分化子实体阶段，需要一定散射光，在300～1 500勒光照度条件下发育正常，但应避免阳光直射菇体，以免菌盖干裂。如果光线过弱，菇柄抽长、盖小畸形，在黑暗环境中子实体难以形成。

6. 酸碱度 白灵菇在自然界中，生长于阿魏植物根上。阿魏根系土壤属微碱性，pH值7～8.5。因此，在生产应用中培养基pH值5～9菌丝均可生长，但最适pH值6.5～7。菌丝生长过程，由于分解物质产生代谢物，pH值也会下降。因此在配制培养基时，采用添加石灰，使碱度提高。

第二章 白灵菇标准化生产基础设施

一、标准化概念与内涵

(一)标准化概念

标准是生产制造产品实际要求的一个科学归纳,也是管理者检查监控质量的对照依据。没有标准知识产权得不到保护,生产者和消费者都会受到损失;没有标准,也就无法进行质量控制。白灵菇是农产品,也是天然绿色食品。白灵菇标准化就是以产品的质量为宗旨,通过国家和部颁标准或地方和企业标准来衡量产品达到不同档次的质量,诸如有机食品、绿色食品或无公害食品等标准。最近国家标准管理委员会《中华人民共和国农产品质量安全法》(2006 年 11 月 1 日起施行)第二章,农产品质量安全标准指出:“农产品质量安全标准是强制性的技术规范”其实际就是标准化的总纲。

(二)标准化内涵

白灵菇标准化建设,应借用国际 ISO 9000 质量体系和 HACCP 食品安全体系管理的理念和控制手段,对白灵菇生产全流程中的关键环节,依照标准进行技术规范操作,并加以控制和管理,有效地预防、减轻或清除各种危害的“关键控制点”,随时纠正在操作过程中出现的偏差,不断提升技术水平,确保产品质量安全性、稳定性和可持续性。因此,标准化是贯穿生产全过程，涵盖着原辅材料、菌种、栽培场地环境、房棚结构、载体基质制作、接种培养、长菇生态控制、病虫害防治以及产品采收加工、包装、贮藏运输及销售等各个环节的标准，构成整个白灵菇产业链的标准体系，达到高产、优质、安全之目的，促使白灵菇产品质量标准逐步与国际标准接轨。

(三)标准化体系结构

白灵菇标准化体系结构见图1。

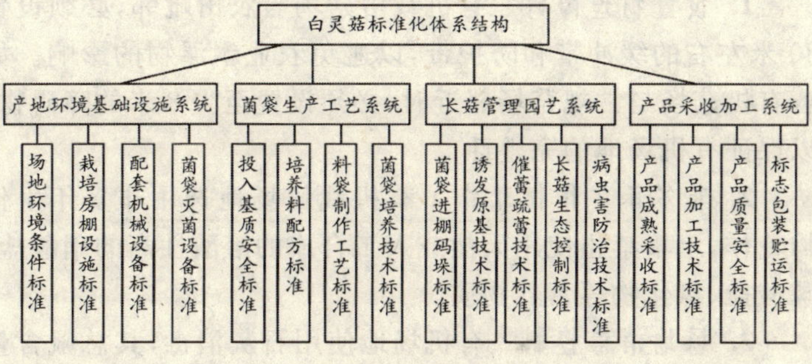

图1　白灵菇标准化体系结构

二、产地生态环境标准

(一)产地主要污染源

随着工业“三废”大量排放和农业使用化肥、农药、添加剂等数量的增多，给生态环境带来污染。从污染分析，如果栽培场地靠近城市和工矿区，其土壤中重金属含量较高，地表水可能被重金属(镉、砷、汞、锌等)以及农药、硝酸盐污染。这些污染物也会被白灵菇富集和吸收，这不仅危害白灵菇子实体的正常生长发育，降低产量，更严重的是降低品质。此外，环境空气污染，如栽培场地的空气中有毒有害气体和空气悬浮物（二氧化硫、氟化物、氯气、二氧化碳、粉尘和飘灰等）都会使白灵菇产品卫生指标超标，甚至造成有毒有害物质的残留。

（二）有机产地控制措施

根据国际有机作物促进协会（简称 OCIA）有机食品颁证标准（1994）生产要求的措施规定。

1. 设置物理障碍 有机栽培菇场与农田毗邻，必须设置 30 米左右的缓冲带和防护带，以避免农业飘浮物的影响。如若有机菇场与常规菇场邻近时，必须设置至少 8 米的障碍物，以保证有机场地的完整性。

2. 非多年生作物轮作 有机栽培场地选用非多年生作物轮作，土壤禁止使用天然或人工合成的溶酸性高的硝酸盐、磷酸盐、氯化物等营养物质。

3. 场地消毒控制 有机场地使用石灰消毒，其总氟含量平均每年每公顷不超过 5 千克，温室平均每年每公顷不超过 10 千克。

4. 场地除草控制 禁止使用化学或石油类除草剂。

（三）生态环境安全标准

标准化白灵菇栽培的出菇场地，其生态环境应按 GB/T 18407.1-2001《农产品安全质量　无公害蔬菜产地环境要求》的条件，达到表 2-1，2-2，2-3 的标准，或者符合农业部农业行业标准 NY/T 391-2000《绿色食品　产地环境技术条件》的要求。

1. 土壤质量标准 无公害白灵菇产地土壤质量要求，见

表 2-1。

表 2-1 土壤质量标准

项目	指标(毫克/千克)		
	pH 值<6.5	pH 值 6.5～7.5	pH 值>7.5
总 汞 ≤	0.30	0.50	1.0
总 砷 ≤	40	30	25
总 铅 ≤	100	150	150
总 镉 ≤	0.30	0.30	0.60
总 铬 ≤	150	200	250
六六六 ≤	0.5	0.5	0.5
滴滴涕 ≤	0.5	0.5	0.5

2. 水源水质标准 长菇用水的水质必须定期进行测定，应符合国家标准 GB 5749《生活饮用水卫生标准》的要求，见表 2-2。

表 2-2 用水质量标准

项目	指标(毫克/升)
氯化物	≤250
氰化物	≤0.5
氟化物	≤3.0
总 汞	≤0.001
总 砷	≤0.05
总 铅	≤0.1
总 镉	≤0.005
铬(六价)	≤0.1
石油类	≤1.0
pH 值	≤5.5～8.5

3. 空气质量标准 产地空间要求大气无污染，空气质量指标要求见表 2-3。

表 2-3 环境空气质量标准

项 目		指 标	
		日平均	1 小时平均
总悬浮颗粒物(TSP)(标准状态)(毫克/米^3)	≤	0.30	—
二氧化硫(SO_2)(标准状态)(毫克/米^3)	≤	0.15	0.50
氮氧化物(NO_X)(标准状态)(毫克/米^3)	≤	0.10	0.15
氟化物(F)[微克/(分米^3·天)]	≤	5.0	—
铅(标准状态)(微克/米^3)	≤	1.5	—

三、栽培房棚设施标准

(一)现有栽培设施

现有白灵菇生产，一是利用农业设施的蔬菜大棚，日光温室自然气温栽培；二是利用防空洞地下室改造，季节性栽培；三是工厂化周年生产。在广大农村大面积生产是采用野外大棚，尤其是北方均采用日光温室栽培。要提升白灵菇产品的档次，达到无公害，绿色或有机产品的要求，这与栽培房棚关系密切。

按照白灵菇生理生产历程，分为两个阶段：前期是营养生长阶段，即菌丝发育培养阶段；后期是生殖阶段，即子实体形成发育阶段。通常前期是在培养室内发菌培养，后期搬进野外大棚长菇，北方多采用发菌与长菇均同在日光温室"一棚制"，但不易控制温度，往往发菌时间比农家民房发菌时间长。由于白灵菇发菌培养与长菇，不同时段对生态要求不一，因此对房棚要求也有差别，要特别注意。

（二）菌袋培养室标准

专业工厂化生产的企业，应专门建造菌袋培养室。民间可利用平房养菌。标准培养室必须达到“五要求”。

1. 远离污染区 远离食品酿造工业，远离畜舍、医院和居民区。

2. 结构合理 坐北朝南，地势稍高，环境清洁；室内宽敞，一般 32～36 平方米面积为适，墙壁刷白灰；门窗对向，安装防虫网；设置排气口，安装排气扇。

3. 生态适宜 室内卫生、干燥、防潮，空气相对湿度低于 70％；遮阳避光，温度 23℃～28℃，空气新鲜。

4. 无害消毒 选用无公害的次氯酸钙药剂消毒，使之接触空气后迅速分解或对环境、人体及菌丝生产无害的物质，又能消灭病原微生物。

5. 物理杀菌 安装紫外线灯照射或电子臭氧灭菌器等物理消毒，取代化学药物杀菌。

（三）出菇房棚标准

白灵菇常用塑料大棚作为出菇场所，标准化塑料大棚要求“五必须”。

1. 结构必须合理 塑料大棚有连幢式、单幢式等。菇棚大小以 30～40 米，跨度 6～8 米，顶高 1.8～2.2 米为适，棚边开好通风口，棚外配套草苫遮阳。

2. 场地必须优化 选择背风向阳，地势高燥，排灌方便，水、电源充足，交通便利，周围无垃圾等乱杂废物。

3. 土壤必须改良 菇棚内的场地采取深翻晒白后，灌水、排干、整畦。采用石灰粉或喷茶籽饼、烟茎等生物制剂，取代化学农药进行消毒杀虫。

4. 水源必须洁净 水源要求无污染，水质清洁，最好采用泉水、井水和溪河流畅的清水；而池塘水、积沟水不宜取用。

5. 茬口必须轮作 不是固定性的菇棚应采取一年种农作物，一年栽白灵菇，稻菇合理轮作，隔断中间传播寄主，减少病虫源积累，避免重茬加重病虫害。

日光温室是高投入，高产出，高效益的农业设施，且有良好采光性和保温性，在北方白灵菇生产上广为应用。日光温室适宜发展白灵菇的区域在北纬 32°～43°之间，北京、天津、内蒙古、山东、河北、河南、宁夏、辽宁等省、自治区较适用。日光温室在 12 月份至翌年 1 月份，虽然外面气温较低，但室内可以不低于 8℃，尽管寒冬一些地区气温较低，出现－10℃以下的低温天气，只要保温设施好，温室内也会在 10℃左右，使白灵菇子实体生长仍正常。日光温室选地应在向阳的地方，规格一般宽 6～8 米，长 50 米，最长 100 米，其墙体结构可为土墙、砖墙，以土墙保温效果最好。

四、投入品基质安全标准

白灵菇标准化栽培的原材料，主要以含木质素和纤维素的农林业下脚料，如棉籽壳、杂木屑、玉米芯、甘蔗渣等秸秆、籽壳；并辅以农业副产品麦麸或米糠等。

（一）栽培原料标准

有机白灵菇生产按照《中国有机（天然）食品标准》的基本要求，其原料选择，具体要求“四不得”，即：不得使用转基因作物的秸秆及籽壳;不得使用受污染的木料的锯木屑;不得使用有含激素、抗生素和化工产品饲养的畜禽粪便;不得使用在运输过程受到有毒有害物质污染的原辅材料。

无公害栽培原料标准:我国已发布实施 NY 5099-2002《无公害食品　食用菌栽培基质安全技术要求》的农业行业标准,白灵菇栽培应按照这个标准执行。主要原料木屑除桉、樟、槐、苦楝等含有害物质树种的阔叶树木屑;自然堆积 6 个月以上的针树种的木屑。棉籽又叫棉籽皮,为榨油厂的下脚料,是栽培白灵菇的主要原料。据华中农业大学测定,棉籽壳含氮 0.5%、磷 0.66%、钾 1.2%、纤维素 37%~48%,木质素 29%~42%,尤其是棉籽壳的粗蛋白质含量达 17.6%。

由于棉花生产中使用农药较多,棉籽壳中又含有棉酚,用棉籽壳作为栽培基质生产白灵菇,其子实体食用的安全性,包括农药残留和棉酚的含量,一向为人们所关心。卢青达等对棉籽壳栽培的食用菌进行农药残留的棉酚分析,结果表明未处理的棉籽壳中含棉酚 230 毫克/千克,经过灭菌后棉籽壳中含棉酚 53 毫克/千克。用棉籽壳栽培长出的子实体中棉酚含量为 49 毫克/千克,比联合国粮农组织(FAO)所规定的卫生标准低一个数量值,认定无公害。

(二)辅助原料标准

辅助原料又称辅料,是指能补充培养料中的氮源、无机盐和生长因子,及在培养料中添加量较少的营养物质等。辅料除能补充营养外,还可改善培养料的理化性状。常用补充营养的辅料是天然有机物质,如麦麸、米糠、玉米粉等,主要用于补充主料中的有机氮、水溶性碳水化合物以及其他营养成分的不足。

（三）化学添加剂限量标准

白灵菇培养料配方中常采用石膏粉、碳酸钙，以及过磷酸钙、尿素等化学物质。有的以改善培养料化学性状为主，有的是用于调节培养料的酸碱度。白灵菇栽培基质常用化学添加剂种类、功效、用量和使用方法见表 2-4。

表 2-4　食用菌栽培基质常用化学添加剂种类、功效、用量和使用方法

添加剂名称	使用方法与用量
尿　素	补充氮源营养，0.1%～0.2%，均匀拌入栽培基质中
硫酸铵	补充氮源营养，0.1%～0.2%，均匀拌入栽培基质中
碳酸氢铵	补充氮源营养，0.2%～0.5%，均匀拌入栽培基质中
氰氨化钙（石灰氮）	补充氮源和钙素，0.2%～0.5%，均匀拌入栽培基质中
磷酸二氢钾	补充磷和钾，0.05%～0.2%，均匀拌入栽培基质中
磷酸氢二钾	补充磷和钾，用量为 0.05%～0.2%，均匀拌入栽培基质中
石　灰	补充钙素，并有抑菌作用，1%～5%，均匀拌入栽培基质中
石　膏	补充钙和硫，1%～2%，均匀拌入栽培基质中
碳酸钙	补充钙，0.5%～1%，均匀拌入栽培基质中

（四）原辅料及添加剂注意把好“四关”

1. 采集质量关　原材料采集时要求新鲜、无霉烂变质。

2. 入库灭害关　原料进库前烈日暴晒，杀灭病原菌和虫害、虫蛹蛆。

3. 贮存防潮关　仓库要求干燥、通风、防雨淋、防潮湿。

4. 堆料发酵关　原料使用时，提前堆料发酵，杀灭潜伏杂菌与虫害。堆料选用无公害洁霉精溶液。禁用甲胺磷等高毒，高残留农药拌料。

五、塑料栽培袋质量标准

(一)原料要求

栽培袋的原料为塑料薄膜筒料,要求符合国家标准 GB 9687-1998《食品包装用聚乙烯成型品卫生标准》。栽培袋的原料应选用高密度低压聚乙烯(HDPE)薄膜加工所制的筒料或成型袋,这是常压灭菌条件下袋栽白灵菇常用的一种理想薄膜袋。市场上聚丙烯袋(PP)虽耐高压、透明度好,但质地硬脆,不易与料紧贴,且温冷易破裂,因此,不理想。

(二)菌袋规格

栽培规格,各地略有差别:一般常用规格(袋折径宽×长×厚)15 厘米×38 厘米×0.04 厘米,每千克 230 个;或 17 厘米×35 厘米×0.04 厘米每千克 220 个。每袋装干料量 500～600 克。

(三)质量标准

优质塑料袋要求达到 4 条标准:一是薄膜厚薄均匀,袋径扁、宽大小一致;二是料面密度强,肉眼观察无砂眼,无针孔,无凹凸不平;三是抗张强度好,剪 2～4 圈拉不断;四是耐高温,装料后经常压 100℃灭菌,保持 16～24 小时,不膨胀、不破裂、不熔化。

(四)制袋方法

如果购买工厂生产截成 34～35 厘米的两头通筒料。制袋时将一端用白色塑料带或纱线扎紧，反折袋口薄膜再扎一道，使之不漏气，灭菌时不散口，逐个扎口即成栽培袋。如果是工厂机械封口一端的成型的塑料折角袋，就可直接装料，两者价格每千克价差 0.2 元。因此，现有菇农多选用折角袋方法。这里特别提示：扎袋口的塑料带不得使用红绿等色的，以防色染菇体。

六、配套机械设备标准

白灵菇生产机械设备，应掌握好经济和实用及产品质量稳定性。

(一)原料切碎机

利用树木、果、桑枝桠或棉秆、玉米芯作原料的地区，必须购置原料切碎机。这是一种木材切片与粉碎合成一体的新型机械。生产能力每小时 1 000 千克/台，配用 15～18 千瓦电动机或 11 千瓦以上柴油机。适用于枝条、农作物秸秆等原料的加工，参考价 2 300 元/台。

(二)培养料搅拌机

选用新型自动化培养料搅拌机，该机以开堆、搅拌器、惯性轮、走轮、变速箱组成，配用 2.2 千瓦电机及漏电保护器，生产效率 5 000 千克/小时。体积 100 厘米×90 厘米×90 厘米(长×宽×高)，占地面积 2 平方米，是目前培养料搅拌机体积小，产量高，实用性强的新型设备，获国家发明专利(专利号：ZL 2003201606494.9)，出厂价格 3 880 元/台。为方便菇农，生产厂家提供资料与光盘。地址：福建省古田县河东路 5 号，邮编:352200,咨询电话:0593-3833062,手机:13706027773。

(三)装袋机

具有一定规模生产基地或乡村,可选用 ZD1000 型自动化装袋机,生产效率 1 500 袋/小时,配电源 380 伏,功率 3 千瓦,占地面积 12.5～14.5 平方米,宽 4.5 米,适用不同规格栽培袋,参考价 3 万元/台,自动化程度比较高,且装料均匀,质量较理想,适于企业大规模生产菌袋。一般菇农可购置多功能装袋机,配用 0.75 千瓦电动机,普通照明电压,生产能力每小时 1 000 袋/台,配用多套口径不同的出料筒,可装不同折幅的栽培袋。

七、培养基灭菌设备标准

白灵菇生产灭菌设备,包括菌种制作所需要的高压灭菌锅和栽培袋常压灭菌灶两类。

(一)高压灭菌锅

原种和栽培种生产单位,必备立式或卧式高压灭菌锅。生产厂家必须具有安全部门颁发的压力容器安全生产许可证,产品合格证、使用说明书。高压灭菌锅除安装有压力表、放气阀、安全阀外,还有进水管、排水管等装置。

(二)常压灭菌灶

常压灭菌灶是白灵菇料袋灭菌不可缺少的设备。生产规模大的单位可采用砖砌灶,其体长 280～350 厘米,宽 250～270 厘米,高 60～80 厘米。灶上配备 0.4 厘米钢板焊成平底锅，锅上安装8条木桩，料袋重叠在离锅底20厘米的垫木上。叠袋后罩上薄膜和篷布，用绳捆牢，1次可灭菌料袋6 000～10 000袋。一般栽培户可采用蒸汽炉和框架罩膜组成的节能灭菌灶，也可以利用汽油桶加工制成蒸汽炉灭菌灶，每次灭菌料袋多则3 000～4 000袋，少则1 000袋均可，其灶体结构见图2。

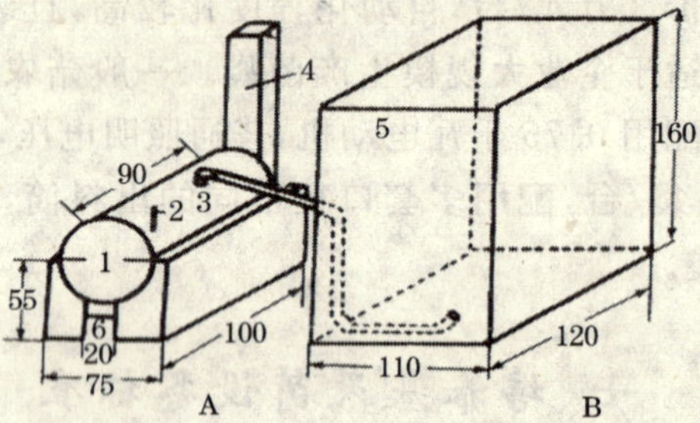

图2　蒸汽炉节能灭菌灶　（单位：厘米）

A. 蒸汽炉　B. 灭菌箱框

1. 油桶　2. 加水孔　3. 蒸汽管

4. 烟囱　5. 灭菌箱框　6. 火门

第三章　白灵菇菌种标准化制作工艺

一、菌种生产经营条件

国家农业部颁发的《食用菌菌种管理办法》2006 年 6 月 1 日在全国实施。明确规定从事菌种生产的单位和个人,应当取得《食用菌菌种生产经营许可证》。

(一)母种和原种生产具备条件

注册资本母种 100 万元以上,原种 50 万元以上;省级农业主管部门考核合格的检验人员 1 名以上,生产技术人员 2 名以上;有相应的灭菌、接种、培养、贮存等设备和场所,有相应的物质检验仪器和设施。生产母种还应有出菇试验的设备和场所;生产环境卫生及其他条件符合农业部《食用菌菌种生产技术规程》要求。

(二)栽培种生产具备条件

注册资本 10 万元以上;省级主管部门考核合格的检验人员 1 名以上,生产技术人员 1 名以上;有必要的灭菌、接种、培养、贮存等设备和场所,有必要的质量检验仪器和设施;生产场地的环境卫生及其他条件符合农业部《食用菌菌种生产技术规程》要求。

违章处罚:凡从事菌种生产经营的单位和个人必须按照上述规定申请报批,否则视为无证生产经营,违反本规定的行为，依照《中华人民共和国种子法》的有关规定予以处罚。

（三）农家引种自作自用

菌种关系到菇农栽培的成败，凡不具备制种条件的农家，不可盲目轻易从事。我国农村食用菌主产区，不少菇农在长期生产实践中积累了制种经验，又具备有制种设备，善于判别菌种优劣的能力，每年从科研部门购买母种或原种，就地自行扩大育成原种或栽培种，直接用于自己栽培，达到降低成本，方便生产，高产、高效目的。这种引种自作自用，不作商业经营的农家制种，与专业生产经营的性质不同。

随着白灵菇产业的迅速发展，专业性菌种生产经营单位往往跟不上要求。因此，常出现菇农购种难，或进城购种，长途运输，气温失控等，导致菌种破瓶，种质受影响等问题的发生。因此凡具备有制种技能和设施的菇农，只要通过制种专业技术培训，选择水源无污染，无灰尘源，远离禽舍、厕所、垃圾等作为制种场所。严格按照制种技术规程操作，完全能够做到引种自繁，满足自己栽培需要。这样有利于解决购种难的一系列问题，更好地促进白灵菇菌业持续发展。为此，本书面对农家引种和制种需求的现实，提供实用性和可操作性的制种技术供菇农参考。

二、白灵菇常见的菌株

白灵菇生产使用的菌种代号较多，来源系谱不清，给引种带来困难。现有中国农业科学院微生物菌种保藏中心的50869 和 50914 两个菌株，均来自新疆木垒，近几年来在北京、天津、河北、河南、内蒙古等省、市、自治区进行大面积商业性栽培的白灵菇，其种质资源大多是这两个菌株。这里收集现有栽培和有关资料介绍的菌株，供引种时参考。

(一)天山 2 号

手掌形，菌丝在 24℃～26℃下发育最快，且洁白健壮；出菇最适温度 8℃～15℃，长势良好，速度也快，从原基出现到采收需 18～22 天；若在 6℃±1℃的条件下，生长则明显延迟，一般从现原基到采收需 25 天。在 5℃以下则不易出菇，18℃以上极易发生畸形菇，并污染细菌；若有 12℃的温差变化，会使小菇极易萎缩发黄而死亡。

(二)天山 1 号及 3 号

天山 1 号漏斗形，长柄；天山 3 号马蹄形，短柄。该两个菌株菌丝在 24℃～26℃时，生长速度比较快，一般从现原基到采收只需 12～18 天。若在 8℃±1℃条件下，菇体生长明显延迟，出现原基到采收则需 20 天左右。在 5℃以下，则不易出菇，23℃以上菇体畸形和感染细菌，若发生 15℃的温差变化，小菇极易萎缩变黄而死亡。

(三)农大 K_1

该品种系采集目前国内优良性状的白灵菇品种，经过诱变技术选育的新菌株，比原有提前出菇；适应性明显改善，出菇温度 5℃～26℃。

(四)农大 2 号

该品种菌丝浓密，生长整齐，长速较快，发菌后的菌袋不易形成菌皮。菇体圆整，掌形，洁白，成熟后边缘内卷，菌褶细密，菌盖特厚，质地硬实。发好菌后经过30天的后熟期和7～15天的低温或大温差刺激即可现蕾。出菇温度为2℃～20℃。转化率稳定在60%以上，如覆土转化率可达80%以上。一个周期采收二潮菇。

(五)吉灵2号

掌形、柄短、肉质肥厚、色白，菌丝生长适温23℃～26℃，20℃以下长速慢；长菇适温10℃～15℃，以8℃～13℃品质优，原基出现到采收15～20天。

(六)PNKW-1

手掌形，肉肥厚，色泽洁白，出菇温度3℃～20℃，高产优质。

(七)高温天山619

色泽洁白，出菇温度8℃～35℃，无须低温刺激，适于露地反季节栽培。

(八)连云港A3

手掌形，肉厚柄短，菌丝生长最适温度20℃～25℃，长菇最适温度15℃～25℃，属中高温型。

三、引种把好"两关键"

(一)引种先行"三考察"

随着白灵菇产业的发展，菌种需求量增大，种出多门，型号复杂，假冒伪劣，虚假广告较为多见。因此，对菌种的引用，必须慎之又慎。为了免于引种失误，在引种之前必须先行“三考察”：一是考察所介绍菌株代号、种性特征，对照当地气候是否对号入座；二是考察种质资源的来路是否正规，对照全国农业技术中心品种认定委员会制定《食用菌品种认定标准》和同行业有关简介菌种的共性和个性；三是考察企业资质和信誉程度，对照是否符合国家批准，一、二级菌种场所具备的条件和有效《菌种生产经营许可证》。

通过考察，最后认定引种单位和引用菌株。

（二）菌种进门“四看点”

引用母种时，最好是一个品种引用2支，留有余地。母种进门“四看点”：一是看试管上标签的品名代号，是否与自己所要求的品种相符；二是看接种日期，计算菌龄是否适龄和超龄；三是看管口内棉塞是否圆平、整洁，有否松脱或附着白色棉絮状霉菌绒毛。管壁四周有否裂缝。培养基上有否夹杂黄、红、绿、黑色点粒或斑块；四是看菌丝长势是否健壮有力，旺盛均匀，有否间断节裂或培养基翘起与脱离管壁。

通过四看，判定所引进的菌种是否合格。对污染种坚决淘汰，超龄或菌丝老化种，尽快转管提纯，复壮，鉴定后方可使用。对来源不清，种性不明，生产性状未经系统试验的种源菌种，不可引用。

四、母种转管扩接技术规程

(一)琼脂培养基配制

马铃薯葡萄糖琼脂培养基,简称 PDA 培养基。其配方:马铃薯(去皮)250 克,葡萄糖 20 克,琼脂 20 克,清水 1 000 毫升。制作时马铃薯去皮洗净,切成薄片,置于热锅上煮 30 分钟,捞起用 4 层纱布过滤取其汁,再入锅补足 1 000 毫升水量,放入葡萄糖和琼脂搅拌后,趁热分装试管,并摆成斜面,冷却后即成斜面试管。

(二)转管扩接方法

在经消毒灭菌的接种箱内,拔出母种管口棉塞,用接种针钩出管内一小块带有琼脂的菌块,迅速通过酒精灯火焰接入 PDA 培养基料斜面中央,棉塞复原。每支母种可扩接 25～35 支。母种转管扩接次数不宜过多,最多不超过 4 次,否则导致种性退化。

(三)母种培养管理

扩接后的母种,置于恒温箱或培养室内培养,在 23℃～25℃恒温环境下,一般培养 15～20 天,菌丝走满管,经检查剔除长势不良或污染等不合格外,即成母种。

五、原种和栽培种制作技术规程

白灵菇菌种制作应执行农业部 NY/T 528-2002《食用菌

菌种生产技术规程》按照技术标准进行原种和栽培种生产。具体操作技术规格如下。

(一)制作时间

1. 原种制作时间 按当地所确定栽培袋接种日期为界限,提前70～80天,开始制作原种。

2. 栽培种制作时间 按菌袋接种日期,提前30天进行栽培种制作。如安排9月上旬开始菌袋生产,其栽培种要提前于8月上旬进行制作。

3. 菌种时令性很强 如菌种跟不上,拖迟供种,影响产菇佳期;若菌种生产太早,放置时间拖长,引起菌种老化,导致减产或推迟出菇。我国北方的白灵菇温室菇房多数在11月份至翌年4月份出菇。这样试管母种转接应在5月份进行,原种制作培养在6月份,栽培种制作培养在7月份,这确保大面积栽培8月份栽培种及时供应。

(二)培养基配制技术规程

原种和栽培种培养基的原料与配制方法基本相同,因此放在一起介绍。所不同的是种源不同,接原种用的是试管母种,接栽培种用的是原种。

1. 配方标准 下面介绍3个配方标准。

配方1 棉籽壳80%,麦麸18%,蔗糖1%,石膏粉1%(北京市农林科学院植保所陈文良等报告 2005)。

配方2 棉籽壳30%,玉米芯30%,麦草粉20%,麦麸10%,玉米粉6%,石灰2%,过磷酸钙1%,石膏1%(甘肃陇南地区食用菌中心张晓勇等报告 2003)。

配方3 谷粒培养基,选优质小麦或玉米粒,捡净除去碎粒、瘪籽。按每1 000克谷粒加蔗糖100克，碳酸钙60克，水含量达65%（河南省农科院生物研究所贾身茂报告 2005）。

2. 操作规程 棉籽壳为原料的培养基，操作按常规进行。下面主要介绍麦粒菌种制作技术。

（1）浸泡 先将小麦、清水加入石灰浸泡，充分吸胀，以手捏可破，吐白浆；勤换水，防发酸，然后再反复冲洗。

（2）水煮 水煮时间以煮至麦粒透熟，透明，胀圆又不破裂。水煮时注意搅动，使之上下熟匀。

（3）摊晾 起锅后，拌入蔗糖和碳酸钙，尽快摊撒，让表面水膜晾干，即可转入瓶装。

3. 装瓶灭菌 原种或栽培种的容器常用750毫升的白色透明菌种瓶，也有些地区为了节省成本，使用500毫升的生理盐水葡萄糖瓶或罐头瓶。麦粒摊晾30分钟后，即可装瓶。每瓶装麦粒为容积量2/3或装至瓶颈下70毫米，不可压料，防止破粒。在料面加一层1厘米厚的木屑，有利于防止污染，也可使麦粒固定，瓶口棉塞松紧适中。原种和栽培的培养基采用高压灭菌，要求0.15兆帕，保持2小时，达标后卸锅，排瓶散热。

（三）接种培养管理标准

培养基经过灭菌后进入接种工序，强调“三严格”：严格控制料温必须降至28℃以下时，方可进行接种；严格进行消毒，接种箱事先气雾消毒剂消毒，料瓶进箱后紫外线消毒，菌种接种迅速过酒精灯火焰消毒，工作人员身手消毒；严格按照无菌操作规程接种，堵绝“病从口入”。

原种和栽培种培养管理技术“六注意”：

1. 注意合理摆瓶 一般长4米，宽6米的培养室内，设2

排 1 米宽架床 7 层。每米架床摆菌种 90 瓶，总量 3 000 瓶。

2. 注意室内温度 菌种培养适温掌握 23℃～25℃，不低于 20℃，不超过 30℃。

3. 注意干燥防潮 空气相对湿度要低于 70％。

4. 注意避光培养 门窗户均要挂遮阳物，防止阳光照射，导致基质水分蒸发。

5. 注意通风换气 选择早晚通风，排除二氧化碳有害气体。

6. 注意定期检查 每天检查 1 次菌丝生长状况，及时淘汰污染或有疑点菌种。

六、菌种质量检验标准

(一)母种质量检验标准

无论是引进母种或自己转管扩接育成母种后，一定要经过测定。

1. 目测 肉眼观察斜面菌丝，若长势均匀健壮有力；无间断节裂，无杂菌污染，则表明菌丝生长良好。

2. 抗逆力测定 将母种接在斜面培养基上，置于 25℃下培养 3 天，再移入 30℃～35℃高温下培养半天，再放到适温 25℃下培养。若菌丝仍生长旺盛而健壮的为优良菌种。

3. 长速测定 母种接入斜面培养基上，在 23℃～25℃下培养 15～20 天长满管；菌丝生长整齐，疏密均匀，健壮有力，则为优良母种。

4. 吃料能力测定 将母种接入木屑菌种培养基上，在 25℃下培养 2～3 天，菌种周围菌丝开始恢复萌发新菌丝；3

天后已吃料定植，7～10 天向料中间伸展，则为吃料力强的母种。

5. 出菇试验 出菇试验是鉴定母种质量的一项重要试验。将母种接入木屑或棉籽壳培养基中，置于 25℃下培养，菌丝长满袋后，移入出菇房棚内，调节好温、湿、气、光生态环境，观察出菇情况，若出菇早，出菇率高，子实体达到本品要求，则为优良母种。

（二）原种、栽培种质量检验标准

白灵菇各个菌株特征虽有差异，但在菌丝体的表现上是类似的。合格的原种和栽培种标准应具备以下特点：一是菌丝长势健壮旺盛有力，料面气生菌丝整齐均匀，瓶壁四周菌丝顺展，中间不出现节裂间断和斑块，无夹杂黄、红、绿等色点；二是培养基菌丝体紧贴瓶壁四周，无收缩脱离。菌丝返回显现活力，瓶底无积水；三是菌龄一般菌株 30～40 天，成熟的菌种菌丝长到瓶底，并回头往上走 3 厘米左右；四是瓶内棉塞保持圆整，无附有棉絮状白色菌丝的杂菌污染，瓶壁无出现裂缝破损；五是菌种纯度要达到 100%。

七、菌种简易保藏技术

引进母种或自行制作的原种、栽培种，若存放时间过长，会使菌丝老化，失水干燥，活力下降。这样的菌种在生产上接种时，易致霉菌污染。农家简易的保种方法如下。

（一）低温保藏

将母种先用蜡纸或牛皮纸包住管口，再用橡皮筋扎牢，置于4℃左右的电冰箱内存放，每隔3个月移植1次。

（二）液体石蜡保藏

在母种试管内灌入无菌液体石蜡，注入量以浸没斜面上方1厘米左右为适，使菌丝与空气隔绝，降低活力。然后棉塞处包扎塑料薄膜，置放于室内干燥或低温下保藏，一般可以保藏1～2年。

（三）改善环境

若原种或栽培种已成熟，因一时生产衔接不上，延长接种时间，应将菌种置于卫生干燥、避光、阴凉的房间内摆放；瓶与瓶之间拉开距离，注意控温、通风、防潮。有条件放在空调间内，调到5℃保藏，防止菌丝老化。

第四章　白灵菇标准化栽培技术

一、现行白灵菇栽培模式

白灵菇在我国进入商业性规模生产，仅有10年历史，由于该菇种具有较高的经济价值，所以发展极快，且在栽培模式上不断创新。从顺应自然气候室内外栽培开始，发展到冷库设备反季节栽培，以及工厂化周年生产不同模式。

（一）利用农业设施顺应自然气候栽培

这种栽培模式是我国现行白灵菇生产主要方法。它利用塑料大棚、日光温室作为栽培场所，根据白灵菇生理特征和生活条件要求，顺应自然气候，确定栽培季节，秋冬和早春长菇，一年生产一季。这种模式广泛利用现成设施和自然气候栽培，成本低，适于农村群众性生产。因此，在全国普遍推广应用，并收到理想的效果。本章主要介绍此种模式栽培技术。

（二）利用冷库防空洞人工调控反季节栽培

夏季自然气温不适于白灵菇生长，因此市场缺货断档，各地充分利用果蔬、水产、肉类冷库和人防工事的防空洞，地下室进行改造和技术处理。每年春季接种菌袋，在普通发菌室内培养生理成熟后，夏季搬进冷库内，人为控温促其在5～9月份长菇。这种模式各省大中城市已有一定数量企业和个人生产。由于夏季白灵菇“奇货可居”价位高，所以效益可观。

(三)工厂化智能控制周年制生产

此种模式需要建筑专业性菌丝体恒温干燥避光培养室和智能调控低温长菇房，并相应配套自动化装袋、灭菌、接种等机械设施。投资成本较大，需要现代化管理制度配合，生产难度较大。目前，在国内新疆、北京、天津、云南、广东等地仅有1～2家生产。

二、白灵菇标准化生产工艺流程

白灵菇标准化生产工艺流程，通过图例一目了然。这条生产线是利用农业设施，自然气候菌袋生产后，进棚码垛菌墙栽培的生产模式，适用于广大农村，见图3。

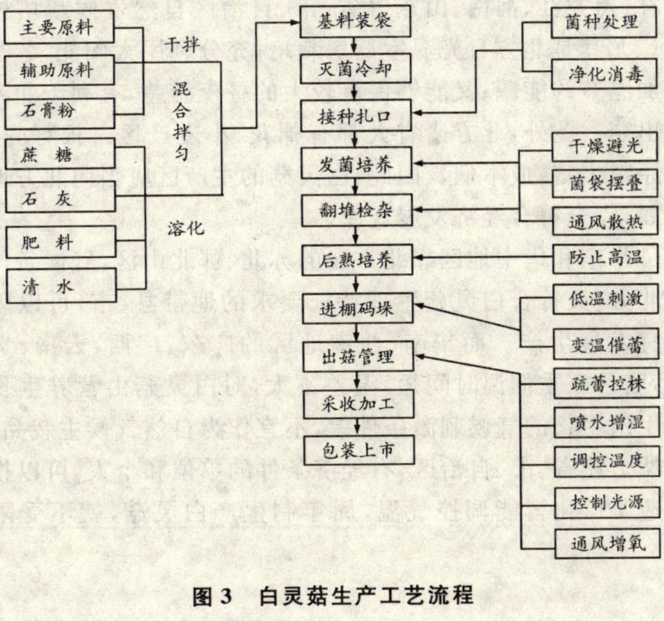

图3 白灵菇生产工艺流程

三、适栽区域与生产季节控制

(一)适栽区域范围

白灵菇属于中温发菌,低温及温差刺激长菇的一种特殊菇种,对产地自然气候比较敏感,如不相称时,其品质就发生变化。10年来的实践证明,其适应区域范围有一定局限性。长菇气象条件需要0℃~13℃低温持续10天左右和10℃昼夜温差以上刺激,才能育出肉质肥厚,脆嫩似鲍鱼的品质。北方地区自然气候得天独厚,有利于育成优质产品。因此,适应区域以北京、天津、河北、陕西、山西、新疆、甘肃、青海、辽宁、吉林、黑龙江、河南、山东等省、市、自治区自然气候栽培较适宜。尤其是北方日光温室菇房栽培,充分利用太阳能,冬季自然加温节约能源;又能够保持较大的昼夜温差,有利于变温刺激出菇。此外,北方诸省大都有棉花、小麦产区。棉籽壳、麦麸原料丰富,成本低。因此,白灵菇的主产区应当向北方地区发展,完全符合经济发展规律。

华东和华中地区靠北方向的苏北、鄂北山区,气候条件接近北方,又符合白灵菇生理特征要求的地带县、市,可以因地制宜发展生产。而华南、西南地区的广东、广西、云南、贵州等,腊月寒季低温时间短,温差不大,对白灵菇由营养生长转入生殖生长的气候刺激条件差,不宜作为自然气候主栽品种。当然上述省、市、自治区,有经济条件的单位和个人,可以投资建造工厂化智能调控气温,周年制生产白灵菇,就不受限制了。

(二)栽培季节控制

白灵菇栽培季节的掌握十分重要，安排得当，能正常出菇，且出优质菇，获得较好的经济效益。如果安排不当事倍功半，遇上高温，难以正常出菇。1999 年春季，南方某县获悉广州白灵菇每千克 80 元。就从北京引种，6 月份开始制袋栽培，进入长菇期 10 月份，气温高不适应，延续至冬季菌丝已解体，致使菇农蒙受损失 100 万元之多，这完全是栽培季节的失误所导致。

1. 确定栽培季节"两依据" 白灵菇栽培季节的确定依据有两个：一个是白灵菇生长发育所需的温度，另一个是栽培地区的自然气候。使这两个达到最佳的相互适应时，就是最佳的栽培季节。白灵菇生产全过程分为两个阶段，即菌丝培养生长阶段，所需的温度 25℃左右；生殖阶段，即子实体生长发育，需要 0℃～13℃的低温刺激和昼夜温差 10℃以上的变温催蕾，子实体生长发育温度 8℃～20℃。以此温标对照本地气候，就可定出栽培季节。

2. 最佳接种期控制 依据白灵菇种性对温度的特殊要求和季节自然气候的变化，其最佳栽培季节为"立秋"过后至"秋分"前进行，即 8 月中旬至 9 月下旬，旬平均最高气温不超 30℃时，为理想接种期。而东北地区夏季气温不超过 30℃的地区，可提前一个月接种菌袋，经发菌培养 80～90 天之后，进入低温季节，正适合刺激诱发子实体发生。且此时段又是元旦、春节两节日，市场需求量较大，菇价也好。

3. 最佳长菇期的控制 北京市农林科学院植保所陈文良(2003)对白灵菇最佳长菇期的研究，在 15 个菇房投放 45 万个菌袋，进行不同时间的对比。结果 9 月份和 10 月份投放温室的菌袋长菇，白灵菇生物转化率分别为33.26%和32.35%，而11月份、12月份和翌年1月份投入温室菇房的菌袋，其生物转化率分别为39.7%、48.17%和50.99%，比9月份和10月份两个月平均产量增加21%～55.4%。说明了菌袋进入长菇期应以11月份开始至翌年3月份，为最理想的长菇期。总体来说白灵菇在自然气候条件下，以秋接种，冬、春长菇产量高，品质好。具体最佳接种期：黄河以北地区可在8月上旬至9月底，黄河以南地区应在8月下旬至10月上旬；东北地区可在7月上中旬接种菌袋，早期接种温度高，湿度大，杂菌污染率高，应注意发菌期防高温危害。只要菌袋接种适期，发菌培养管理严密，菌袋基质好，第一潮菇11月份至翌年1月份登场，第二潮菇翌年2～3月份采收。如果接种错过最佳时期，难以靠自然气候条件出菇，造成菌袋生理成熟度不达标，错过冬季长菇期，影响当年经济效益。

我国地理复杂，各地纬度不同，同一纬度地区海拔高低不一，气候差异甚大；而且栽培设施条件有别，因此栽培季节的安排要因地制宜，灵活掌握。

四、培养基配方标准

白灵菇栽培的培养基配方，在各地区因地制宜，就地取材，通过试验对比，选出有利于发挥资源潜力，又达到白灵菇高产优质效果的配方。下面根据各地报告的配方，供菇农选择性地取用。

(一)北京配方

配方1　棉籽壳100千克、玉米粉5千克、石膏1～2千克、石灰1～2千克、尿素0.2千克(北京金信食用菌有限公司贾身茂　1999)。

配方2　棉籽壳80%、麦麸18%、蔗糖1%、石膏1%,是对照组产量的4.3倍,生物转化率达94.39%(北京市农林科学院植保所陈文良　2006)。

(二)新疆配方

棉籽壳87%、麦麸8%、玉米粉2%、蔗糖1%、石膏1%、石灰1%。另加0.3%～0.5%发酵剂(新疆哈密地区天山菌业研究所张红纬　2003)。

(三)河北配方

配方1　棉籽壳62%、玉米芯25%、麦麸10%、石灰1%、石膏1%、过磷酸钙1%(唐山师范生物系陈玉芹等　2003)。

配方2　玉米秸秆(粉碎)75%、玉米粒20%、石灰3%、糖1%、食盐1%(河北省临县农科所吕纪增　2005)。

配方3　棉籽壳88.5%、麦麸10%、石膏1%、微肥0.5%(河北省农科院高春燕　2006)。

(四)甘肃配方

棉籽壳300千克、红豆草粉(或苜蓿草粉)700千克、玉米粉100千克、麦麸150千克、过磷酸钙5千克、石膏20千克、石灰20千克、磷酸二氢钾2千克(甘肃省通渭县职教中心杨学云、何宏毅　2003)。

(五)辽宁配方

棉籽壳100千克、麦麸15千克、玉米粉5千克、石膏1.5

千克、石灰2千克、磷酸二氢钾200克（辽宁省阜新地区李元丹等　2006）。

（六）河南配方

配方1　棉籽壳1 000千克、麦麸150千克、玉米粉50千克、过磷酸钙20千克、石膏10千克、石灰30千克（河南省科学院生物研究所贾身茂　2005）。

配方2　棉籽壳100千克、麦麸15千克、磷酸二氢钾0.1千克、酵母粉0.1千克、生石灰3千克（河南省农科院食用菌研究开发中心康源春等　2006）。

配方3　杂木屑75%、麦麸20%、玉米粉3%、蔗糖1%、石膏1%，每50千克干料另加酵母粉0.025%（河南省汤阳县真菌研究所王志军　2003）。

配方4　棉籽壳100千克、麦麸或玉米粉10千克、石膏1.2千克、石灰1～3千克、尿素0.2千克（复合肥效果更佳），营养素80克（河南省许昌世纪香食用菌公司李彦增　2003）。

配方5　棉籽壳100千克、麦麸10千克、玉米粉5千克、饼粉5千克、石灰3～5千克（河南康嘉菇业有限公司康先照等　2005）。

（七）上海配方

上海市农科院食用菌研究所，农业部食用菌遗传育种重点实验室王志强等报告配方（2005）。

配方1　棉籽壳67%、杂木屑30%、石灰粉1%、石膏2%。

配方2　玉米芯42%、杂木屑30%、棉籽壳25%、石灰1%、石膏2%。

(八)天津配方

配方1　棉籽壳78千克、麦麸20千克、石膏粉1千克、石灰1千克(阎瑞香等　2003)。

配方2　棉籽壳68千克、木屑16千克、麸皮15千克、石膏1千克(阎瑞香等　2003)。

(九)山东配方

配方1　玉米秸50%,棉籽壳30%,麦麸12%,豆饼4%,蔗糖、过磷酸钙、石灰、石膏各1%(省农业技术推广中心蔬菜科,2003以下同)。

配方2　杂木屑78%,麦麸20%,红糖1%,碳酸钙1%,每50千克干料另加酵母粉0.025克,过磷酸钙0.25克。

配方3　棉籽壳78%、麦麸20%、红糖1%、石膏1%,另加磷酸二氢钾0.5%。

配方4　棉籽壳40%、玉米芯40%、麦麸15%、玉米粉3%、石膏粉1%、石灰1%。350克/袋料,平均袋产326.81克,生物转化率达93.39%(山东省农科院植保所郭惠东等2006年在3个不同配方试验对比中选择的配方)。

(十)江苏配方

配方1　棉铃壳(粉碎)40%、棉籽壳40%、麦麸10%、玉米粉8%、石膏1%、白糖1%(陈福清等　2001)。

配方2　棉铃壳(粉碎)78%、米糠20%、白糖1%、碳酸钙1%,另加酵母片0.025克,过磷酸钙0.25%(陈福清等2001)。

（十一）湖北配方

配方 1　棉籽壳 85%、麦麸 10%、石膏粉 1%、蔗糖 1%、石灰 3%（湖北省广水市微生物研究所李利　2005）。

配方 2　棉籽壳 78%、麦麸 15%、玉米粉 5%、蔗糖 1%、碳酸钙 1%（湖北省广水市吉阳食品公司珍稀食用菌研究所丁湖广　2005）。

配方 3　棉籽壳 60%、杂木屑 26%、麦麸 10%、玉米粉 2%、石灰 2%（丁湖广　2005）。

配方 4　棉籽壳 40%、木屑（或蔗渣）40%、麦麸 10%、玉米粉 8%、红糖 1%、石膏 1%（王新丽　1999）。

（十二）江西配方

棉籽壳或甘蔗渣 78%、麦麸 20%、石膏 1%、红糖 1%（方金山　1999）。

（十三）福建配方

配方 1　杂木屑 35%、棉籽壳 40%、麦麸 20%、玉米粉 3%、蔗糖 1%、石膏 1%，（福建省蚕桑研究所食药用菌研究室谢福泉　2005）。

配方 2　棉籽壳 68%、杂木屑 15%、麦麸 15%、生石灰 2%，（福建省古田县食用菌办公室彭冬祥　2004）。

配方 3　甘蔗渣 40%、棉籽壳 38%、麸皮 20%、钙镁磷 1%、石膏 1%（福建省轻工研究所林杰　2000）。

以上配方料与水比例为 1∶1.2～1.3，pH 值灭菌前调至 7～8，灭菌后会降低 1。

五、原料处理操作标准

栽培原料的处理，现有主要采取混合搅拌常压灭菌和堆积发酵再常压灭菌，这两种方法均为熟料栽培。

（一）物料定量标准

按照一般配方，栽培 1 万袋的白灵菇，大约需要的物料量，见表 4-1。

表 4-1　栽培 1 万袋白灵菇所需物料种类与数量

培养料及菌种		容器及主要工具		消毒杀菌物	
名　称	数　量	名　称	数　量	名　称	数　量
棉籽壳	2000 千克	塑料袋(17 厘米×35 厘米)	10000 只	气雾消毒盒	10 盒(50 克装)
杂木屑	2000 千克			克霉灵	20 包(50 克装)
麦　麸	500 千克	扎口线	2 千克	酒　精	2 千克
玉米粉	400 千克	长镊子	5 把	来苏儿	5 瓶
石膏粉	50 千克	运转筐	2000 只	硫　黄	5 千克
石　灰	50 千克	灭菌用煤	1 吨	高锰酸钾	1 千克
栽培种	500 瓶(袋)	酒精灯	5 个		

（贾身茂　2004）

（二）拌料操作技术规程

按照选定的配方比例，称取原料、辅料和清水，混合搅拌，配制成培养基，具体操作规程“四步骤”如下。

1. 过筛　先把棉籽壳、麦麸等主要原料、辅料，分别用 2～3 目的竹筛或铁丝筛过筛，剔除小枝条及其他有棱角的硬物，以防装料时刺破塑料袋。

2. 混合 先将棉籽壳、麦麸、石膏粉搅拌均匀，然后把可溶性的添加物，如蔗糖、尿素、过磷酸钙、硫酸镁、磷酸二氢钾等溶于水中，再加入干料中混合。

3. 搅拌 采用自动化搅拌机时，将料混合集堆，拌料机开堆，搅拌、反复运行，使料均匀。农村手工搅拌必须采取集堆，开堆，复堆，反复搅拌3～4次，使水分被均匀吸收。然后过筛打散结团。过筛时应边洒水，边整堆，防止水分蒸发。

4. 测定 进行两项测定，即含水量和酸碱度(pH值)测定。含水量测定，配制好的培养基含水量要求60%～65%，常用感观测定，即手握紧培养料，指缝间有水滴。若手握料指缝间水珠成串下滴，掷进料堆不散，表明太湿。经检测，如果水分不足，加水调节；若水分偏高，不宜加干料，以免配方比例失调，只要把料摊开，让水分蒸发至适度即可。酸碱度测定，培养基灭菌前要求pH值7～8。测定方法：称取5克培养料，加入10毫升中性水，用石蕊纸蘸澄清液即可测出酸碱度。也可取广谱试纸一小段，插入培养基中手握料1分钟后，取出对照标准版比色，从而查出相应的pH值。经过测定，如培养基偏酸，可用石灰水调节至达标。

(三)发酵操作技术标准

培养料通过集堆发酵是为了利用有益微生物，催化分解腐熟；同时杀死培养料中的病毒、病菌和虫卵，有利于白灵菇菌丝更好吸收营养生长和提高产量。王尚荣(2003)对培养料发酵与未发酵进行对比检验，结果发现发酵料提早16天现蕾，单袋产量增加82克，生物转化率提高16.4%。

各地产区推广应用培养料发酵后，再经装袋灭菌栽培白灵菇，收到较好的效果。培养料发酵处理操作技术标准如下。

1. 建堆　将拌匀的料集成梯形堆。堆宽 1.1～1.4 米，高 1.2～1.5 米，上窄下宽，长度依料量多少而定。一般每堆不少于 150 千克，大规模栽培以每吨料集成一堆，集堆后将料面拍打平整。

2. 打孔　用木棒在料堆上打 3～4 排间距 30～50 厘米的通气孔，直至堆底，孔径 7～9 厘米，孔与孔的位置是梅花形排列。

3. 盖膜　打孔后在料堆四角插上温度计，然后覆盖塑料薄膜保温保湿。覆膜时离地面 10～20 厘米处可以不盖膜，以利于透气。

4. 翻堆　建堆后 2～3 天，堆内温度上升达到 65℃～70℃时，进行第一次翻堆，将内外上下左右位置的料互相调换，边翻堆边搅拌，边重新建堆。发现料偏干时，适当补水，以后每隔 1～2 天翻堆 1 次。

5. 标准　一般发酵 7～9 天，发酵料应达到的标准：料呈棕褐色，表面湿润，有光泽、不黏不朽、松散、无酸、无臭霉味、无氨气，含水量 65%～60%。

在发酵处理环节上，近年来也有的产区，采用发酵增产剂，每吨原料加入 3 千克，使升温快，有利于原料分解，不妨一试。

六、培养料装袋灭菌标准

培养料无论是采取混合搅拌装袋灭菌或是建堆发酵装袋灭菌，两者都要求达到以下标准要求。

（一）栽培袋装料量

白灵菇料袋规格不同，装料量也不一。通常采用折幅径宽15厘米×38厘米，或17厘米×33～35厘米，每袋装干料量500～600克。装料多少对产量有否影响，山东省农科院郭惠东等（2006）以17厘米×33厘米的袋，分别装料250克、350克、450克、550克4个梯度，进行试验对比。从中得出结论350克/袋料，生物转化率达112.5%。详见表4-2。

表4-2　白灵菇培养料装量不同对产量的影响

装料量（克/袋）	产　量（克/袋）						生物转化率
	1	2	3	4	5	平均值	
350	391	309	379	402	397	393.6	112.5
450	416	410	419	123	428	419.2	93.2
250	540	220	233	228	213	226.8	90.7
550	491	484	464	486	473	479.6	87.2

录自《中国食用菌》2006年3期

（二）装袋"五达标"

培养料装袋有条件的单位采用自动化冲压机装袋，每小时装料1 500袋。农村大多采用半自动装袋机，每小时操作熟练可达1 500袋，使用时先换上适合塑料袋口径大小的套筒，开机调试，运转正常后投料装袋。也可手工装袋。装袋要求"五达标"。

1. 松紧适中　培养料的松紧度标准，应以成年人手抓料袋，五指用中等力捏住，袋面呈微凹指印，有木棒状感觉为妥。如果手抓料袋而两头略垂，料有断裂痕，表明太松。

2. 不超时限　装袋要抢时间，从开始到结束时间不超过

3小时。无论是机装或是手工装，应安排好人手。

3. 扎牢袋口 抓紧捆扎袋口，要求捆扎牢固、不漏气，防止灭菌时袋料受热后膨胀，气压冲散扎头。袋口不密封，杂菌从袋口侵入。

4. 轻取轻放 装料和搬运过程要轻取轻放，不可硬拉乱摔，以免料袋破裂。

5. 日料日清 培养料的配装量要与灭菌设备的吞吐量相衔接，做到当日配料，当日装完，当日灭菌。

培养料经过装袋后即成为营养袋，简称料袋。

（三）料袋灭菌"六关键"

料袋灭菌采用常压高温灭菌法，可达到杀灭有害微生物的预期目的。灭菌技术标准"六关键"。

1. 及时进灶 培养料营养丰富，装入袋内容易发热，如未及时上灶灭菌，酵母、细菌加速增殖，将基质分解，导致酸败。因此，装料后要立即进灶灭菌。

2. 合理叠袋 采用周转筐集装料袋，以竖直摆袋入筐。采取料袋直叠锅上灭菌的，应自下而上重叠排放，上下袋形成直线；前后袋的中间要留空间，使气流自下而上流通，蒸汽能均匀运行。叠袋后罩紧薄膜，外加麻袋或篷布罩密，然后用绳索缚扎于灶台的钢钩上，四周捆牢，上面压木板加石头，以防蒸汽压力把罩物冲飞。

3. 控制温标 灭菌温标要依据灭菌灶的类型，若是砖砌的蒸仓，料袋上灶后，立即旺火猛攻，使温度在5小时内迅速上升到100℃，保持16～18小时，中途不停火，不掺冷水，不降温，使之持续灭菌，防止"大头、小尾、中间松"的现象。采用大型罩膜灭菌灶的，由于气体膨胀，膜内升温较快，从点火至

100℃不到2小时。但因容量大，所以上升到100℃后应保持20～24小时，才能达到彻底灭菌的目的。

4. 认真观察 用棒形温度计插入温度观察口内，观察温度。确保温度100℃不下降，注意及时补充锅内热水，防止干锅。

5. 卸装搬运 达到灭菌要求后，转入卸袋工序。卸袋前先把灶内热源撤出，然后揭开罩物，让温度降至60℃以下时，方可趁热卸袋。如发现袋口松散或袋面出现裂痕，随手用纱线扎牢袋头，胶布巾封裂口，卸下的料袋用板车或拖拉机运进冷却室内，车板上要铺麻袋，上面盖薄膜，防止刺破料袋和雨水淋浇。

6. 疏袋散热 料袋卸灶后及时搬进冷却室内，进行疏袋散热。通常冷却时间需24小时，直至手摸料袋无热感，袋内降至28℃以下为度，检测方法用棒形温度计插入袋料中观察温度。

七、接种无菌操作技术规程

（一）接种场所要求

接种场所好坏，关系到菌袋接种的成品率，这是不可忽视的技术环节。

1. 无菌室 又叫接种室，专业性厂（场）应建造无菌室。其结构分为内外两间，外间为缓冲室，面积2平方米；内间为接种室，面积5平方米，高约2.5米，房顶装天花板，地面墙壁要平整光滑、无缝隙、门窗要紧密，朝南北一面安装双层固定玻璃窗。通风窗开在房门上方的天花板上，窗口数层纱布蒙住，有条件的安装空气过滤器，室内设工作台。室内和缓冲的中央，均安装紫外线灭菌灯，波长 253 埃，并安装 30 瓦日光灯 1 盏。民家可利用住房进行清理，并按无菌条件改造消毒灭菌。

2. 塑膜接种帐 在北方多在野外塑料大棚和日光温室内接种，可采用 4 米宽的聚乙烯塑料薄膜，围罩成接种帐。四周衔接处用胶纸粘密，帐内面积 5～6 平方米，地面清理平整消毒，铺上细沙盖上地膜，形成无菌状态的接种帐，每帐 1 次可接 1 000 袋左右，接完一批后把帐调位，继续接种。

3. 接种箱 小规模生产多在接种箱内接种菌袋。由于接种箱体积较小，每次容量仅能操作 120 袋，因此不适于大规模生产。

(二)消毒处理方法

接种无论是无菌室或是普通房间作接种室或塑膜接种帐，为达到无菌条件，工作间必须严格消毒，净化环境。要求在接种前做到“两次消毒”，即空房先消毒，料袋进房后再消毒。常用消毒方法有如下几种，可任选一种。

1. 喷洒法 在室内喷洒 1～2 次等量 500 倍波尔多液和 1%的漂白粉溶液杀菌；然后再用 5%石炭酸两次喷雾墙壁、空间和地面，密闭 1 小时后再启用。

2. 熏蒸法 按 15 平方米的房间，用甲醛 500 毫升加入 300 毫克高锰酸钾，混合盛于碗中，产生气体消毒；也可采用硫黄熏蒸法，先将室内喷湿，然后在盆中点燃炭火，投入硫黄，产生二氧化硫，熏蒸消毒 12～20 小时。

3. 气雾法 用气雾消毒剂，每立方米用量 4～6 克。每盒 50 克，15 平方米的房间使用 2 盒。使用时用火柴或烟头火点燃，即喷出白色烟雾，密闭30分钟以上可达到灭菌的目的。

4. 照射法 用紫外线灯照射消毒，每次接种前将各种器具移入室内。一般每40立方米的接种室，需用2盏30瓦紫外线灯，照射2小时后才能达到消毒杀菌的要求。紫外线照射时，人员要离开室内，以防眼角膜视网膜受伤。紫外线杀灭细菌较可靠，对霉菌可靠性较差。

5. 注意事项 第一次空房消毒时，应在接种前24小时进行，消毒方法宜用药物喷洒法或熏蒸法。而料袋进房后再次消毒时，应在接种前1小时进行，消毒方法不宜采用水剂药物喷洒，防止增加湿度。因此，只可采用气雾消毒盒、紫外线灯照射消毒，其用量和方法与第一次消毒相同。

（三）接种无菌操作规程

1. 选择时间 选择晴天午夜或清晨接种，此时气温低，杂菌处于休眠状态，有利于提高菌袋接种的成品率。雨天空气湿度大，容易感染霉菌。因此，不宜进行接种。

2. 菌种预处理 菌种事先拔掉瓶口棉塞，再用塑料薄膜包裹瓶口，然后搬入接种箱内；再用接种铲伸入种瓶内，把表层老化菌膜挖出。如发现有白色扭结团的也要镊出，并用棉球蘸75％酒精，擦净瓶口瓶内壁四周，然后包好瓶口，再搬进接种室内。

3. 接种物入室 将灭菌后的料袋搬入无菌室或接种帐内后，连同菌种，接种工具酒精灯一起进行第二次消毒。先用气雾消毒密闭熏蒸30分钟以上；接种前40～60分钟，再用紫外线照射30分钟，达到无菌条件。工作人员有条件的单位要穿戴工作服、帽和口罩及拖鞋。农家接种人员，要求洗净头发并晾干，更换干净衣服，方可入室。接种前双手用75%酒精擦洗或戴乳胶手套。

4. 流水作业 现有接种方式有单头接种和双头接种。接种量750毫升瓶装菌种，单头接种20～25袋，双头接种10～12袋。操作时3人1组，1人用镊子夹取菌种，迅速通过酒精灯火焰接入袋内培养料上；1人解开袋口张开薄膜，接种后扎紧袋口；1人专门递袋和码袋。做到解袋快，接种快，形成流水作业。无菌室或塑膜接种帐的出入口要设石灰消毒池，进出人员需脚踏石灰消毒，防止病菌带入。

5. 接种后通风 每一批料袋接种完毕，必须打开门窗通风换气30～40分钟，然后关闭门窗重新进袋、消毒，继续接种。有的菇农接种常在普通房间内设接种帐，密封性较好，但接种后不揭膜通风。由于室内酒精灯和人的体温，加上接种时打开穴口料内水分的蒸发，形成高温、高湿，带来杂菌的积累，造成污染。

6. 清理残留物 在接种工作过程中，菌种瓶的覆盖膜废弃物，尤其是工作台及室内场地上的杂质，必须集中一角，不要乱扔，待每批料袋接种结束后，结合通风换气，进行一次打扫清除，保持场地清洁，杜绝杂菌污染源。

7. 加强岗位责任 由于白灵菇生产规模较大，一般每次接种少的1000袋，多则3000～5000袋，接种工作量相当大。在操作过程中往往会出现开头严格，随后逐步松懈，掉以轻心，以至杂菌污染。因此，要安排好人手，落实岗位责任制，加强管理，认真检查，及时纠正，确保善始善终地按照标准化要求进行操作。

八、菌袋培养管理技术标准

料袋一经接种，便称为菌袋或菌棒，也就是白灵菇生产的载体，要及时集中搬进室内排袋培养。菌丝发育的好坏，直接关系到子实体的发育与生长。为此，必须按照菌丝生长发育的要求，创造适宜的环境条件，促进健康生长。

(一)培养场所要求

白灵菇接种后菌袋培养的场所要求在避光、干燥、通风、温度 23℃～25℃恒温的环境条件下进行。根据其种性特性，菌袋发菌培养阶段称为“前半生”应在室内培养，易于控制温度，使菌丝发育正常。而出菇阶段应在野外菇棚比较适合，因此有人把它称为前后“二场制”。而在我国北方许多地区，发菌培养和出菇管理均在同一日光温室内进行，称为“一场制”。不论是在室内养菌或在日光温室养菌，在进袋前 10 天要将养菌场所打扫干净，并进行一次彻底消毒。

(二)菌袋堆垛标准

菌袋堆垛方式，有室内架层叠袋，每层 4～5 袋堆垛；有平地摆放，即菌袋一个挨一个摆放；也有平地顺码堆垛，一层又一层重叠，温度高时摆放 4 层，气温低时摆放 6 层。堆垛与堆垛之间留 40～60 厘米的人行道。堆垛的方向要顺光，一般坐北向南的日光温室，堆垛按南北走向，即垂直于北墙，这样光照又均匀。堆垛的两端可在地上打两根相距 10～14 厘米的木棒，木棒高 60～100 厘米。也可以不打木棒，在堆垛时向上每一层两端各少摆一个菌袋，使堆垛的两端呈现下长上短的斜形。采用上述集约化堆垛养菌，一般667平方米的场所，可堆叠菌袋6万个左右。

（三）发菌培养管理技术标准

菌袋培养管理实施“五控制”。

1. 温度控制 根据不同生长期观察气温、堆温和菌温的变化，人为地加以调节。接种后头2～3天为发菌期，温度要比菌丝生长最适温度高2℃～3℃，掌握25℃～28℃，促使菌种加快萌发定植。5天之后为菌丝生长发育期，特别是15～25天这阶段菌丝大量生长，呼吸旺盛，消耗气量大，放热量多，这阶段温度宜在23℃～25℃，注意防止高温。如果室温27℃时，菌温就超过30℃，堆温也就随之升高2℃～3℃，此时菌温可达33℃，菌丝必然受到严重挫伤，甚至发生“烧菌”，菌袋变软，培养料发臭。因此，必须注意调整堆形，疏袋散热，加强通风，抑制堆温，降低菌温。

2. 湿度控制 菌袋培养阶段，菌丝在袋内生长所需的水分，不需由外界供给，而是靠基质内现有的水分提供，为此要求场地干燥，空气相对湿度在70%以下为好。如果场地潮湿，空气湿度高，会引起杂菌孳生加快繁殖，带来菌袋污染。因此，培养室宜干不宜湿，要防止雨水淋浇菌袋。如果湿度过大时，可在地面和菌袋上撒石灰粉除湿。特别强调在菌袋培育期间，不论何种情况都不可喷水。

3. 光线控制 菌袋培养宜暗忌光，在黑暗的防空洞、地下室菌丝均可生长。如果光线强，菌袋内壁形成雾状，并挂满水珠，表明基质内水分蒸发，会使菌丝生长迟缓，后期菌筒出现脱水；而且菌袋受强光刺激，原基早现，菌丝老化，影响产量。因此，菌袋培育期间门窗应挂窗纱或草帘遮光。但要注意通风，不能因避光把培养室遮盖得密不通风，造成空气不对流。

4. 通风控制　菌袋培养阶段，培养室需要经常开窗通风更新空气。如果通风不良，室内二氧化碳沉积过多，会伤害菌丝体的正常呼吸；同时，也给杂菌发生提供条件，尤其是秋季时有高温，如果不及时通风，会使室内菌温上升，对菌丝生长发育不利。

5. 翻堆检杂　菌袋在室内培养期间，要翻堆 4～5 次，第一次在接种后 6～7 天，以后每隔 7～10 天翻堆 1 次。翻堆时做到上下、里外、侧向等相互对调，目的是使菌袋均匀地接触光照、空气和温度，促进发菌平衡。翻堆时要轻拿轻放，同时结合检查杂菌。常在菌袋料面和接种口上，分别有花斑、丝条、点粒、块状等物；其颜色有红、绿、黄、黑不同，这些都属于杂菌污染。也有的菌种不萌发，枯萎、死菌等。通过检查及时分类进行处理。

(四)菌袋后熟管理技术标准

1. 后熟培养时限　菌丝后熟和生理成熟是同一概念，一般而言指的是菌丝生长后期管理。白灵菇菌丝生长与其他菇类不同，只有生理成熟的菌袋，在适宜的条件下，才能出现菇蕾，分化子实体。而且不同的后熟时间，对产量和品质都有影响。郭惠东等(2006)对白灵菇菌袋 6 个不同后熟期，进行对比试验，发现后熟期 30～40 天产量和品质最理想。见表 4-3。

2. 培养生态控制　后熟期所需的适宜条件，新疆张红伟(2003)研究，在后熟培养 30 天左右时间内，温度应控制在 18℃～24℃，如果温度太低，后熟时间拖延，出菇期也会推迟；若温度过高，易形成厚菌皮和菌袋霉烂现象。后熟期空气相对湿度应控制 75%，并需一定散射光线。北京市农林科学院陈文良(2006)对后熟期30天的最适温度研究认为,20℃～22℃有利于菌丝体积累养分,创造出菇条件。笔者观察后熟培养的适宜温度,应比菌丝发育期的温度低2℃～3℃。因为这个时期菌丝呼吸强度,耗氧量、放热量比原来相对降低与减弱。因此,后熟期最适温度应以20℃～22℃,并要求100勒光照度,有利于菌丝体从营养生长向生殖生长过渡。

表4-3 不同后熟期对白灵菇产量和品质的影响

后熟期(天数)	产量(只限第一潮菇)(克)	生物转化率(%)	菌盖直径(厘米)	菌盖厚度(厘米)	菇 形
A·0	—	—	—	—	—
B·10	155.6	38.90	12.8	2.0	+
C·20	160.5	40.13	13.6	2.2	+
D·30	200.1	50.03	15.8	2.9	++
E·40	195.2	48.80	16.0	2.5	++
F·50	180.3	45.08	15.4	2.3	+

3. 生理成熟有效积温 白灵菇生理成熟需要有效积温,上海市农科院食用菌研究所王志强等(2005)研究菌袋是否生理成熟,菌龄只是参考指数,更重要的是菌袋有效积温是否达到2 200℃～2 500℃(计算积温方法:天数×平均温度=有效积温。如:26℃×90天=2 340℃)。只要因地制宜选择最佳接种期和适温下菌袋培养,其菌袋的有效积温就能如期实现。如果培养阶段温度过低,积温达不到就会延长出菇时间。

4. 生理成熟的标准 白灵菇生理成熟规律,菌丝体生理生化物理性状特征和数值指标,现有还不能量化。这里连锁综合分析,其生理成熟的标准应掌握以下4条。

(1)菌龄 从菌袋接种日起,其培养到后熟结束,称为菌龄。一般高产优质的菌株在适温的环境条件下，其菌龄为80～90天。

(2)积温　菌袋培养全过程，有效积温应达到2 200℃～2 500℃。

(3)形态　菌丝遍布全袋，长势旺盛，培养基与料交界间的空隙稍有不平状；表面形成薄薄菌皮，基质较硬，略有弹性，手拍有“嘭”响声；切开菌块剖面菌丝断面整齐，闻有菇香气味；袋重比原有减轻20%。

(4)色泽　菌丝浓白、色纯密集、无色斑，袋面无发现微黄、微红菌丝。

(五)菌丝生长分期管理技术程控

为方便菇农生产上对照，这里将菌袋不同时期菌丝生长特征及管理技术程控列表，见表4-4。

表4-4　白灵菇菌袋发菌培养管理技术控制日程表

接种后(天)	生长时期	菌丝表现状况	管理技术要点
1～3	菌块萌发期	接种块萌发白色纤维状菌丝，逐渐伸展吃料	检查吃料状况，温度控制25℃～27℃，避光、干燥
4～8	延伸定植期	大部分菌丝已向料中延伸2～3厘米，色白浓密	检查定植，发现菌丝微黄，长速缓慢的应拍打揉捏菌袋，促进氧气交换；温度调至22℃～25℃；防潮、避光、通风
9～14	袋头封盖期	菌袋两端已长满菌丝并向料内蔓延	翻堆结合检查杂菌，温度不低于23℃，不超过28℃，防潮、避光、通风

续表 4-4

接种后（天）	生长时期	菌丝表现状况	管理技术要点
15～22	繁殖分枝期	菌丝生长健壮布至袋内 1/2，有的超过 2/3	翻堆分类管理，长满袋的扩大进气孔，扩散游离氨，蒸发料中排出凝水。疏袋散热，加强通风，防止高温
23～30	生长茁壮期	大部分菌袋布满菌丝，少数气生菌丝也封袋	翻袋检杂，调整码垛；疏袋控温、防潮、避光，夜间开窗通风
31～45	发育旺盛期	菌丝分枝浓密健壮有力，色白密集	拧紧袋口进行断氧，控制菌皮过早或过多形成，温度不超过 25℃，不低于 20℃
46～60	生理酶解期	菌丝布满全袋，呈现集密，色泽浓白	错位翻袋，防止袋内积水，昼夜通风，温度 20℃～23℃
61～90	后熟积累期	袋内基质较硬，略有弹性，袋重比原减轻 20%	加强通风，疏袋散热，控温 20℃～22℃，不低于 18℃，不超过 24℃，引光 50～100 勒，检验成熟度，分别整垛堆放

九、菌袋培养中难点控制

(一)高温烧菌与控制技术

1. 烧菌原因　烧菌多发生在早秋接种，发菌培育期间气温较高，管理不当，菌丝体自身代谢引起菌温上升，加上排袋叠堆过密，袋温增高。上述“三温”聚集，加之通风不良，菌袋无法散热，致使菌丝受到烧伤，活力下降，出现变黄、变红，严重的导致菌体死亡，使菌袋松软发臭报废，造成严重的经济损失。

2. 预防措施 避免菌袋高温危害的控制措施。

(1)把握季节 白灵菇常在立秋、处暑接种，若当地气温超过 30℃时，不宜进行接种菌，总之要避过 30℃这个极限温界。

(2)调整堆垛 菌袋堆垛不可过高过密，室温超过 28℃时，要及时疏袋散热。处暑后一些地区温度忽高忽低，为防止烧菌，堆垛调整为 3～4 层为宜；堆垛间距拉宽，袋层之间放两根竹竿，以利于通气散热。

(3)加大通风 发菌期间要控制好温度和通风换气，经常检查袋温、堆温，发现气温升高时，用风扇等加大通风量，并全开排气孔，通风降温。

(4)遮阳避光 利用野外大棚和日光温室发菌“一场制”的产区，气温高时可采取加厚遮阳草帘或茅草；同时在棚顶安装微喷设施；菇棚四周开沟，引水于沟中流动；打开棚缘两端通风口。特别提醒：切不可让菌袋受潮。

(二)生理缺陷与补救措施

菌袋培养全过程，常因管理不善，致使菌丝生理缺陷，生长发育失常。下面介绍生理失控表现及原因和应对措施。

1. 菌丝微黄 常发生在接种后 8～15 天，有的菌丝呈现微黄色，生长速度明显缓慢，有的已停止不前。原因是菌袋装料过紧，袋内缺氧；或袋温过高不利于氧气交换；或袋内含水量偏大菌丝窒息。应及时分袋情处理，过紧的菌袋采取拍打揉捏，促进氧气交换；袋温过高的采取疏袋散热；菌袋水分过大的采取立直码放，使多余的水沥出。

2. 菌丝收缩 常发生在16～22天，出现菌丝收缩，由雪白变成灰白色，与培养料紧接度差。其原因是袋内缺氧或缺水。对长满菌袋的采取扩大进气孔，扩散游离氨，蒸发基质内排出的凝水；中度萎缩的采取拍打拉动培养料，促其生长。对基质内缺水菌丝生长稀疏，分枝较少，色灰不浓密的，可向袋内注水。袋料酸味，颜色呈棕红的可打开袋口，挥发异味。

3. 长势失衡 接种后的第二十三至第三十天，一般70%的菌袋已布满菌丝，少数菌袋的气生菌丝也已开始封袋，但仍有个别经过处理的病袋，生长缓慢，透料面只有2/3。此类菌袋要重新归类，分别管理。对生长较差的菌袋，可挑出增加码放高度，稳定袋温25℃，促使菌丝恢复生长。

4. 菌皮厚垣 菌皮形成过早和菌皮过厚的菌袋，对子实体形成及产量有很大影响。原因是菌丝满袋后，袋温25℃～32℃时，气生菌丝穿透填满空隙，洁白浓密菌丝呈厚垣反复生长，形成菌皮，时间越长，菌皮越厚。为此当菌丝长满菌袋1周后，要及时将菌袋多余部分薄膜拧紧，再捆紧袋口断氧，控制菌皮过早过厚形成，温度控制在25℃以下，光照度50勒，夜晚通风。

十、菌袋进棚码垛技术标准

（一）进棚码袋时间

白灵菇完成“前半生”养菌后，转入“后半生”长菇。长江以北诸省的主产区，多采用日光温室作为菌袋培养和长菇“二合一”的菇场，一般在 11 月份至翌年 3 月份为出菇期。其菌袋进入菇场的时间，应在 10 月中旬。河北石家庄地区最早出菇期 11 月上旬，其菌袋应提前 1 个月左右进行码垛。利用塑料大棚作出菇场所的，则是菌袋培养在室内，菌丝生理成熟后搬到塑料大棚内堆垛出菇“二场制”的河南武陟、汤阴、许昌和鄂北广水等地，其菌袋进棚堆垛时间，通常在 11 月中下旬结束。东北地区 10 月上旬菌袋进棚码垛，哈尔滨 10 月中旬温度已降到白天 13℃，夜间 2℃，刚好适于低温催蕾。

(二)场地条件要求标准

白灵菇出菇场地应按第二章菇棚安全标准“五必须”条件的基础上，在技术方面特殊要求的是：无论是日光温室或是塑料大棚，都必须具备有利于白灵菇子实体生长发育的条件。河北王朝江等(2005)作了研究，认为要具备以下条件。

1. 采光 长菇室或棚平面采光，能最大限度地透过自然光。因为采光即采热，透光过多与白灵菇需光较少的矛盾，可通过在棚内吊遮阳网来协调。

2. 保温、蓄热 能够最大限度地减少温室散热，同时应具有较大面积蓄热能力强的蓄热体。

3. 结构合理 棚室的长、宽、脊高、后墙高、前坡屋面和后坡屋面等规格尺寸及温室规模要适当。棚内地面最好下降 40 厘米左右，以利于保湿和减少受热空间。

4. 辅助热源 在外界气温过低时也能保持一定的棚温，延长出菇的黄金期。

5. 严格消毒 出菇场所必须严格消毒，特别对发菌和出菇一场制的日光温室，由于发菌期杂菌潜藏指数大，因此更应进行 1 次彻底消毒。采用气雾消毒剂，按每立方米空间3～5

克，进行烟熏消毒和克霉灵每包(50克)加水10～15升，用喷雾器喷洒空间和地面，杜绝污染源。

(三)堆垛前菌袋分类标准

菌袋从接种到进棚堆垛前，历经80～90天的培养，虽然是在同一场地发菌，同样技术管理，但菌丝长势，生理成熟状况，以及杂菌污染程度等都有差异。因此，在堆垛前必须分类，有利于区别菌袋发菌情况，针对性地归类堆垛催蕾和出菇管理。分类标准如下。

1. 最佳菌袋 菌丝长势好，色泽浓白，基质手感硬，袋面不出现拮抗线，无杂菌斑。此种为一类菌袋，堆垛在一起，进行第一批催蕾和出菇管理。

2. 良好菌袋 菌丝虽已长满袋，浓白度没达标，基质手感松软，属二类菌袋。主要是营养积累不足，列入继续在适温下再培养一段，待达到一类袋水平后，再行催蕾出菇管理。

3. 好中有缺菌袋 菌丝已长满袋，色泽浓白，但袋内菌丝有抑制拮抗线或有已被控制杂菌的伤疤，基质会正常出菇，但产量和产品质量受一定影响。此列为三类菌袋，堆垛在一起进行催蕾和出菇管理。

4. 杂菌污染菌袋 发菌期被杂菌污染，虽经控制处理，仍有少量杂菌的菌斑，但已不占优势，不会再扩大蔓延，其没受污染的部位菌丝仍正常，还会长菇，此列为四类菌袋，堆垛一起进行单独处理。也可以将污染的部分挖掉，擦上10%石灰水后，采取畦床埋筒覆土长菇方式处理。

(四)顺码堆垛技术管理

菌袋带膜顺码堆垛，是白灵菇菌袋出菇模式之一，在北京、河北、天津、山东等北方地区日光温室栽培普遍采用。其技术规程:将原来发菌培养时重叠的菌袋,调整为适于长菇需求的堆垛。即菌袋按南北走向,不脱袋平地堆垛高4～5袋的菌墙,袋与袋之间相距2～3厘米;堆垛间留人行道60厘米,有利于通风和采菇作业。北京产区600平方米面积的日光温室,可堆垛35 000个菌袋,河北、山东等地区,每个60平方米的塑料大棚,可堆垛2 200袋左右。新疆产区30平方米,堆垛1 200个菌袋。

(五)泥砌菌墙技术规程

脱袋泥砌菌墙,可收到覆土出菇高产效果。此种模式在河南和湖北广水普遍使用。具体操作技术规程如下。

1. 堆垛方向 坐北朝南或坐西朝东的菇棚,菌袋码垛应南北走向。

2. 泥土准备 泥墙用土一般田园土均可,而采用耕作层10厘米以下土壤营养丰富,持水性好。每1 000个菌袋泥墙需要备土1.5立方米左右。采土后适当晒干,加入1.5～2千克石灰,调节pH值8～9为适。也可采用砂壤土过筛,加入石灰1%,复合肥0.5%配成营养土。

3. 脱袋垒墙 将菌袋一端的薄膜环割2/3脱袋,并向内相对;另一端菌袋不割膜,向外面露出1.5厘米,形成双排多层垒砌的菌墙。具体操作:先在夯实的垛基底部摊一层薄泥,抹平;再将已脱袋的菌袋摆放上,袋与袋之间距离3～5厘米,袋间空隙处填实泥土。第一层菌袋摆砌好后,上面覆一层3厘米厚的稠泥,按此法垒砌。层与层摆袋,一般采用品字形摆砌。菌墙底宽120厘米,长280厘米,上部宽80厘米,长250厘米,高6～7袋层,呈梯形状。湖北山区广水菇棚(长25米,宽 7 米,高 2.2 米)的菌墙为 5000 袋。注意点:菌袋割膜裸露后为防止风干失水,要采取脱一袋,泥墙一袋,不可堆放成批后再泥墙。

4. 墙顶蓄水槽 菌墙顶部用泥浆延周边围成深 10 厘米左右的蓄水槽,并在槽上按每隔 40～50 厘米,打 3 厘米大小的孔,深由上至下倒数 2～3 层菌袋处即可,作为补水的流水孔和通气孔。然后进行 1 次试补水,认真观察每个部位有否渗漏水,及时用稠泥填补。

5. 墙间沟槽 前后排的菌墙间,距离 60～80 厘米,在其间开挖深 15～20 厘米的沟槽,略比菇棚周边水沟浅些,对应每个沟槽水平面的菇棚水平下方两端,开好 25 厘米×25 厘米的通气口。

6. 插条罩膜 菌墙每隔 50～60 厘米插 1 支竹片或枝条,作为拱膜用;菌墙覆盖地膜保湿,下边离地面 30 厘米通风。

(六)畦床摆袋覆土技术规程

野外菇棚内整理好畦床,畦宽 1.3 米,长视场地,一般以 10～15 米便于管理。畦间人行道 40 厘米,四周开好排水沟。将菌袋脱去薄膜,卧倒或竖立相挨摆入畦床上,然后覆盖 2～3 厘米的菜园土或腐殖质土,并将覆土层浇湿。利用地表保温、保湿和土壤微生物群有益部分促进更好长菇,管理时省工。这种出菇方式是地面湿度易保持,但占地面积积较大,菇体易粘泥土等杂物,采收时需进行除杂处理。

(七)室内架层摆袋技术规程

室内设培养架 5～6 层,将菌袋竖立摆放于架床上,袋与袋之间距离2～3厘米，随即将袋口捆绳解开，薄膜拉直后再扭拧，室内四周围膜保温，门窗通风，遮阳防止强光直射。

白灵菇栽培出菇模式哪一种好？山东郭惠东（2006）3种不同模式试验对比，结果表明：半脱袋竖向畦床覆土3/4，将上端袋口薄膜反卷料面出菇的模式产量最高。17厘米×33厘米装料量350克的栽培袋，平均产菇490.67克/袋，子实体肥大，紧实，菌柄直，质量好，生物转化率达122.67%。详见表4-5。

表4-5　白灵菇不同出菇模式产量对比

序号	菌袋出菇模式	菇品质量	产量（袋）	生物转化率（%）
1	带袋叠墙，袋口交错，卷膜出菇	菇体小，不匀称，柄长且弯曲	345.00	86.25
2	脱袋横向覆土畦栽出菇	菇蕾多，个小，盖面略有黄斑，柄粘泥	437.00	109.25
3	竖排畦床，袋口翻卷出菇	菇体小，不均匀，柄长，弯曲	364.00	91.00
4	半脱袋畦栽，覆土3/4，上端卷膜出菇	菇体肥大，均匀，紧实，柄粗直，品质好	490.67	122.67

十一、菇蕾诱发与管理技术标准

菌袋码垛之后进入催蕾、疏蕾和护蕾管理阶段，其技术标准如下。

(一)催蕾技术标准

1. 催蕾时期掌握 催蕾期主要掌握“两条杠”:一是菌袋生理成熟进棚码垛后;二是以当地始菇前1个月左右为适。

2. 催蕾温度时限 白灵菇在原产地新疆,是冰雪之后出菇,低温变温刺激长菇是该菇的种性特征必要条件。据笔者观察原基形成规律,并连锁各产区时进行综合分析认为:低温刺激的温限应以0℃～13℃,时限7～10天较适;然后进行昼夜温差10℃以上刺激7天左右。操作时,晚上把覆盖在日光温室或塑料大棚四周的覆盖物掀去,并敞开棚门让冷空气透进;白天覆膜,拉大日夜温差。棚顶打开草苫引进散射光要求达到500勒光照度;棚内保持空气新鲜,逼使原基顺利形成。

3. 催蕾技术措施 催蕾方法有以下3种,栽培者可选择使用。

(1)松口诱蕾 经过低温和变温处理的菌袋,松开袋口。两端出菇的菌袋,还要沿袋长方向拉挺袋端,使薄膜与料面产生间隙,形成既通风又保温的小气候,有利菌丝扭结形成菇蕾;同时向空间轻微喷雾化水,使空气相对湿度保持75%～80%;温度控制在0℃～13℃范围;并加强通风换气,一般15天左右即可现蕾。当菇蕾长至花生米大小时,把袋口多余的薄膜反卷或割去让菇蕾生长。

(2)搔菌诱蕾 据天津市林果所王玫(2003)和新疆张江伟(2003)的研究,生理成熟后的菌袋经过搔菌,不仅每个菌袋都能长菇,且出菇快、整齐,朵形好。

①搔菌方法 两端扎口的菌袋,先解开袋口,刮去原接种的菌块或搔去表面的菌皮,面积为直径2厘米左右。但注意面积不可过大,否则使菌丝恢复时间长。然后稍用力向外拉拢袋

口，同时旋转一周，将袋口扭住，使袋口内形成一个小空间。

②搔后管理　搔菌后棚内温度控制在15℃～20℃，尽量减少温差。3～5天搔菌处菌丝恢复时，进行昼夜温差刺激；空气相对湿度80%～85%，散射光线，适当通风保持空气新鲜。一般9～12天即可看到白色粉状的原基，逐渐形成菇蕾。当菇蕾长至黄豆粒大小时，解开袋口，并扭拧袋膜，稍微拉开些，创造一个小空间气候。

(3)定向诱蕾　菌袋定向打孔诱蕾，菇品性状好。河南康源春等(2006)通过5种不同出菇方式试验对比，予以肯定。具体做法：菌袋生理成熟后，在袋壁上开直径3厘米的圆口，开口向上，单袋摆放。也可在袋两端袋口中上部位，对称扎两个深2厘米，直径0.5～1厘米的出菇口。菌袋相挨多层摆放，打孔后管理方法同搔菌后的生态控制。这两种开口定向诱蕾，效果理想，出菇早，穴口出菇率达80%以上；单菇产量160～180克。

(二)疏蕾技术标准

疏蕾是解决幼蕾过多，朵形小，品质差，商品价值低的问题。因此，这是白灵菇高产优质的一项重要技术措施。其技术标准如下。

1. 疏蕾时期　当菇蕾长至蚕豆粒大小时，即可疏蕾。

2. 选蕾标准　以色泽洁白，蕾体端正、丰满，长势健壮为标准，采取选优去劣，留大去小，留强去弱，疏密留稀。

3. 留蕾数量　每个袋口选留最佳菇蕾1～2个，多余的用刀片割掉。

4. 疏后管理　疏蕾后要注意保温、保湿。温度控制不低于8℃，不超过18℃。当选定的菇蕾长至鸽蛋大小时，将袋口完全打开并挽起薄膜；空间喷雾状水增湿，保持空气相对湿度85%～90%。若挽口误迟，会因缺氧影响选蕾后分化子实体的形态，降低商品质量。

(三)护蕾管理技术控制

疏蕾期已进入深秋，气温较低，幼蕾生长对外界环境的抵抗力较弱，5℃以下的低温，对菇蕾生长不利，0℃以下会造成冻伤；而15℃以上时出现菇柄徒长，一连多天干燥和大风直吹时，会给蕾带来萎缩至干死。因此护蕾管理不可疏忽，管理技术标准如下。

1. 温度框定范围 菇蕾生长适应的温度8℃～13℃，若自然气温低于这个范围，可采取棚顶草苫调稀，使日光温室或塑料大棚内温度上升。

2. 喷水保湿限度 护蕾期需向地面洒水或空间喷水，保持空气相对湿度达85%～90%，但不可向菇蕾直接喷水，以免发生烂蕾。

3. 光照度控制 菇蕾生长期需保持光照度500～800勒，可通过棚顶草苫进行调节。

4. 通风量控制 菇蕾期注意通风，保持空气新鲜，人为创造菇蕾生长发育的环境条件。一般疏蕾后在适宜生态控制下，子实体形成至成熟需要9～12天。

十二、不现蕾原因与移蕾新技术

白灵菇菌袋不现蕾或称不出菇，在生产中常发生，有的栽培户不出菇的菌袋占15%～20%。从接种之日起，菌龄超过120天没见蕾的，或同一接种期的整批菌袋中，出菇时间前后相差1个多月，有一部分菌袋接种后直至4月底止，一直没现菇蕾的菌袋，俗称“呆袋”或“哑袋”，给栽培者带来经济损失。因此，不出菇，成为白灵菇栽培中又一难题。

(一)不现蕾的原因

1. 错过接种期 原因多为原料准备跟不上或灭菌灶没衔接好。由于接种期延误，气温逐渐下降，菌丝发育缓慢，生理不成熟，无法转入生殖生长。到了菌袋生理成熟时，气温升高，温度已不适应，造成不出菇。

2. 配方不科学 白灵菇菌丝生长需要含氮营养物质，发菌培养的菌龄超过百日，如果养分积蓄不能满足营养生长时，出菇就难，这符合其生物学特性。但有的栽培者片面在配方中加大麦麸、玉米粉和尿素比例，致使培养基成分中C/N(碳氮)比例失调。基质中氮的浓度过高时，菌丝营养生长时间拖长，反而抑制原基形成；当进入生殖生长时，已错过自然低温刺激的良机，导致不出菇。

3. 养菌管理欠妥 常因接种后的菌袋在室内堆垛过密，袋间不透气；或在发菌期翻堆不及时，导致菌丝严重缺氧。由于集堆过密，加之接种处于秋季，常出现秋热气温上升，致使菌温、袋温、室温“三温”聚集，造成底层菌袋“烧菌”，有的菌丝萎缩，致使不出菇。有的因翻堆次数太少，上中下层菌袋受光、触氧不匀，菌丝成熟度有差异，造成底层菌袋基质低劣无法出菇。

4. 后熟培养未达标 有的栽培户见菌丝长满袋，就开口喷水，结果久不出菇；有的因室内温度太低，后熟时间延长，错过最佳出菇期；也有的因室内光照直射菌袋，造成袋内水分蒸发，菌丝体脱水，菌膜增厚养分消耗，影响后熟，而不出菇。

5. 催蕾控温失误 菌袋生理成熟后，还需要0℃～13℃的低温和10℃以上的变温刺激，才能逼使原基形成，并分化菇蕾。若菌袋成熟后，没及时进棚码垛，留在室内恒温培养，就延误了出菇期；也有的菌袋进棚码垛后，采取无限时蒸汽加温，致使垛内菌温聚集不散引起烧菌，结果成批不长菇。

（二）菇蕾移植新技术

湖北省广水市吉阳食品公司珍稀食用菌研究所科技人员，在华中农业大学罗信昌教授(2003)的指导下，对白灵菇菌袋不现蕾，采取移蕾嫁接技术立项研究。发现白灵菇菌丝增殖力强，吻合性好的独特优势生理。研究菇蕾移植机制，成功地获得菇蕾移植方法，解决了菌袋不出菇的难题。此项成果2004年由湖北省科技厅组织专家鉴定，其技术居国内先进水平，并获国家发明专利（专利号：200410061146.3）。菇蕾移植新技术如下。

1. 菇蕾采集 移蕾通常是在春季，选择晴暖天气上午10时或下午3时进行，雨天湿度大，容易染杂不宜进行。认定不出菇的菌袋为对象，在长有菇蕾的栽培群体菌袋中，选择形成期的幼蕾。一般菌盖0.5厘米左右，柄长0.6～1厘米，长势端正茁壮、组织坚实丰满的幼蕾，作为移出的菇蕾对象。

2. 挖窝播菌 在不出菇的菌袋菌丝体露外的一端，用消毒过的刀片，挖一个移植窝，窝宽2厘米，深1厘米左右；并在窝穴播菌，使菌丝体与移入幼蕾的基质菌丝体更好吻合。

3. 移蕾定植 用无菌刀片在选定的菇蕾脚周边2厘米处下刀，斜切长1.5厘米，深0.5厘米，连同菌丝体基质轻轻挑起，扫清菇脚周围残留物，然后用刀片将采集带有培养基的菇蕾移嵌窝穴处。移植后菇蕾所带的培养基与被移入的菌袋培养基结合后，通过代谢作用，菌丝体很快恢复，并通过菌丝细胞内的原生质运动，将菌丝体分解的营养提供给子实体，使其正常生长。

4. 移后管理 移植后袋口薄膜拉直，并稍拢合，使袋口内有一个空间，但要防止松口过大，引起移植处干燥，影响菌丝定植。温度应控制在10℃～20℃，使菌丝吻合连接。移蕾后24小时不得向菇蕾喷水，空气相对湿度85%左右，并配合好光照、空气，使移植后菌丝愈合，吸收菌袋所提供的养分、水分，正常发育。若移植后的菇蕾未活，可在菌袋另处挖窝，进行补移，确保菌袋移蕾的成活率达100%。移植菇蕾按正常管理后，其鲜菇单朵重220～300克。因此，此项新技术被各产区采用，收到较理想的效果。

十三、子实体生长发育管理技术标准

白灵菇通过疏蕾护蕾之后，进入子实体生长发育期，一般从原基出现到菇蕾分化子实体成熟，需15～20天。子实体生长速度，视生态环境而定，温度、湿度、光照、空气适应时，子实体生长快、产量高，商品经济性状好；反之生态环境不适应时，出菇慢、品质差，畸形菇多，效益欠丰。综合京、津、冀、豫、甘、新、鄂等主产区的成功经验，在子实体生长发育期管理技术标准如下。

(一)营造长菇生态环境标准

1. 温度控制标准 白灵菇子实体生长5℃～20℃范围均

可，低于5℃基本停止生长，低于8℃菌柄粗长，高于15℃菌盖易反卷，高于20℃子实体易发霉腐烂。因此，在子实体生长发育期应掌握好“两个温标”：其一，最适温标：子实体生长阶段最适温度为8℃～15℃，这其中还要掌握菇体生长不同时期。当菇蕾乒乓球大小，菌盖菌柄已分化时，给予10℃～15℃温度，使其长速适中，菌盖肥厚；进入中期控制在8℃～13℃，使菌肉致密，菌柄短小，形成优质菇。日光温室和塑料大棚在11月份至翌年2月份，维持8℃～13℃的温度是容易控制的。其二，极限温标：长菇期最低不可低于5℃，若遇冬季连续几天0℃以下低温情况，子实体易受冻伤。因此，应注意防冻伤，春季日光温室最高室温不宜超过20℃，遇超温时应采取菇棚上方遮阳，注意通风排气，晚上还得防止与白天温差过大，以免影响子实体正常生长。

2. 湿度控制标准 白灵菇出菇阶段要求菇房保持湿润的环境，空气相对湿度85％～90％时，长菇最为有利。在管理上注意控制“两个极限”指标：一是空气相对湿度不低于70％。湿度低，菌盖表面粗糙，长时间干燥时，易产生龟裂。为此要保持菇房湿润环境。空间每天喷雾水1～2次，喷水时尽量让水滴落到地面和空气中，不要直接喷雾到子实体上；二是空气相对湿度不超过95％。空气湿度过大，由于缺氧，易造成子实体腐烂。调整空气湿度的方法，可在地面洒水或空间喷雾状水；同时加大通风量，排除湿度过大。

3. 通风控制标准 白灵菇是好氧真菌，尤其在子实体生长阶段新陈代谢旺盛，需要氧气量较多。空气中的含氧量为20.9％、二氧化碳为0.03％、氮气78.1％、氩气0.9％。剩下的是惰性气体和比率不断变化的水蒸气。长菇期菇房内空气中二氧化碳含量过高时，菌盖发育慢，会形成柄粗长，盖小的长柄畸形菇。通风要求达到两方面:一方面是保持空气新鲜。通风可使菇房内的空气状态接近于外界空气,同时开动房内排气扇,使有害气体排出房外;秋末长菇期气温高时,采取早晚或夜间通风。冬季和早春气温低宜在中午通风,使菇棚内保持空气新鲜。长菇阶段菇房内二氧化碳浓度最高不得超过 0.1%。另一方面是通风保温两兼顾。冬季气温低,通风后外界冷空气进入,降低了房内温、湿度,为此两者形成矛盾。长菇期房温度要求不低于 5℃,调节的方法是在低温季节通风要在中午进行,早晚气温低不宜通风。同时通风还得与保温协调好,防止顾此失彼。日光温室菇房南侧塑料膜要经常掀起,后墙要有通风窗口。塑料大棚菇房在菌墙之间的走道,两端通风口要打开,沟槽保留浅度蓄水,使水蒸气形成潮湿。

4. 光线控制标准 白灵菇子实体生长期要求有一定散射光。北京陈文良(2006)报道,以 300～1 500 勒光照度为宜。寒冬可采取揭开棚顶草苫,引光进菇房增温,满足长菇对温度和光线的需要。光线不足出现菇柄长,菌盖小或菌盖分化不良,形成畸形菇。调节菇房光线的方法,白天温室菇房上方草苫掀起一部分,可满足要求;晚上为了保温再覆盖。

(二)子实体生长管理技术程控

为了便于菇农掌握白灵菇菌袋经过低温和变温刺激之后,进入子实体生长发育阶段的具体管理技术,特列程控表供参考,见表 4-6。

表 4-6 白灵菇子实体生长发育管理技术控制日程表

菌袋进入长菇期(天)	生长发育情况	主要作业要求	注意事项
1～3	料面现白色突起米粒状的原基	解开袋口，拉直薄膜松口增氧、搔菌，空间微喷雾化水增湿	温度 10℃～18℃，不宜光线直射，空气相对湿度 80%，防止袋口水分蒸发
4～5	原基分化至黄豆粒大幼蕾，紧实洁白	拉稀棚顶遮阳物引光，空间轻度喷雾	温度不低于 8℃，不超过 20℃，空气相对湿度 85%，光照度 100～150 勒
5～7	幼蕾蚕豆粒大，坚实、洁白、茁壮	选蕾、疏蕾，每袋留蕾 1～2 朵，多余疏掉，空间中轻喷雾化水，通风增氧	温度 10℃～15℃，防止温差避免萎蕾发黄，空气相对湿度 85%，光照 150～200 勒
8～10	菇蕾乒乓球大小，饱满紧实、色泽洁白	挽起袋口薄膜，空间喷雾化水，散射光照，增加通风量，保护菇蕾	注意防低温冻伤菇蕾，低于 5℃ 加温，控制 10℃～15℃，空气相对湿度 85%～90%，不宜直喷水于菇体，防止强光直照
11～13	菇蕾膨大向四周伸展，形成 9～15 厘米子实体	看天气空间喷水增湿，保湿，护蕾，加大通风量，增加光照	控温 8℃～13℃，防止低温冻菇，空气相对湿度 90%～95%，避免水滴菇体，光照度 800～1000 勒，防裂盖

续表 4-6

菌袋进入长菇期(天)	生长发育情况	主要作业要求	注意事项
14～16	菌盖舒展，边缘内卷，而尚未展平，质肥厚，色浓白	保温增湿，晴天多喷，阴天不喷	温度不低于 8℃，不超过 18℃，空气相对湿度调至 85%，光照度 800～1000 勒
17～20	菌盖肥厚，充分伸展边缘保持内卷，色浓白，有光泽	观察成熟度，在孢子未弹射时采收，并进行商品处理	采前 3 小时停止喷水，防止菇体褐变，加强通风，防止烂菇

(三)菌袋二潮出菇管理技术措施

白灵菇栽培一般一个菌袋口，只收一潮菇就结束了生产周期，即使有长二潮菇，但朵形、品质、商品性状也差。甘肃省通渭县职教中心杨学云、向宏毅(2005)作了研究，使二潮菇产量和质量达到市场要求标准，促进了大面积栽培白灵菇，生物转化率达到 90%。这里综合介绍菌袋长二潮菇的技术要点如下。

1. 巧排产菇季节 要求能出二潮菇的菌袋，就必须在早秋接种，使第一潮菇抢在元旦前后发生，从而给第二潮出菇留有宽余的时间，使菌袋在翌年 3 月底前出二潮菇，这是实现二潮出菇的关键。

2. 保证基质营养 适宜的培养料配方是保证二潮菇的物质基础。在配方中要以棉籽壳为主料，配足辅助营养料，要求玉米粉 5%、麦麸不低于 15%，同时添加过磷酸钙 2%，磷酸二氢钾 0.2%，使其营养充足，后劲好。实践证明培养料含水量适度偏高，虽菌丝吃料稍慢，但菌丝却较为强壮，更有利于二潮出菇。

3. 育好长菇载体 为使配制后的培养料不变酸，养分不致消失，要求当日拌料，当日装袋灭菌，待料温下降到30℃时接种。发菌期要保持环境干燥、避光、透气，培养室保持在25℃左右为宜。菌丝满袋后不要急于刺激出菇，应降温至15℃～18℃之间养菌20天，使菌丝继续积累养分达到后熟。养菌温度不宜过高，否则会形成菌被，影响产量。

4. 出菇环境控制 待气候变冷，晚上结霜时，将经过后熟的菌袋置于露天阴凉处，冷冻1周时间，然后移入棚内码垛长菇。温度白天保持18℃～20℃，并给予散射光；夜间控制在6℃～8℃，进行温差刺激；空气相对湿度80%～90%。袋口现蕾时，室内保持空气新鲜，并给予一定散射光，温度保持在12℃～18℃。待子实体长至170～200克之间，菌盖边缘接近平展而未平展时，及时采收。第一潮采菇宁早勿迟，以节约养分提供出第二潮菇。

5. 二潮菇管理要点 第一潮菇采毕后，菌袋的实际含水量一般只有28%～35%，这是白灵菇菌袋不能长二潮菇的根本原因。为此首先必须及时补充水分，泥砌菌墙的可在墙上的水槽内灌水，使其渗透到墙内菌袋上；顺码叠袋的可将菌袋口倒置地面，用2%石灰水浇湿地面，地膜覆盖菌袋口；或将菌袋脱去薄膜卧倒于畦床上覆土，利用地温控制在18℃左右，避光养菌20天。然后揭去地膜，换成报纸覆盖，给予温差刺激。此法管理一般10～15天，第二潮菇蕾即可形成。待菌盖边缘平展时采收，成品率可达85%，一个菌袋长二潮菇，经济效益增加一倍以上。

第五章 白灵菇特殊栽培技术标准

一、工厂化智能控制周年制栽培技术标准

（一）工厂化智能控制周年生产特点

白灵菇工厂化周年生产是利用现代设备和配套设施，通过智能动作，创造一种适于白灵菇不同阶段发育所需的生态环境条件。从而满足其生理要求，促使在固定的时间内长出子实体，直至完成生产周期，周而复始，常年生产，产品源源上市，满足消费要求。特别是夏季产出白灵菇，更为“奇货可居”，价位比常规上市产品提高2～3倍，经济效益可观。

白灵菇工厂化智能控制周年栽培，是一项多学科综合型科技含量高的新兴产业，它不仅要建造菌袋恒温培养室和低温出菇房及常规菇棚，以及配套的机械设备。这样“一室、一房、一棚”投资额较大；而且还需要健全的管理制度，因此，具有经济实力的企业可行，而作为农户来说，条件不具备的不可盲目上马。

（二）低温菇房基础设施标准

白灵菇工厂化周年生产能否成功，一个十分关键的环节是子实体生长的低温菇房（简称冷房、冷库）的设计是否合理；其制冷气流循环，控温、采光、通风等配套设施，人为调控生态环境与白灵菇不同生长发育阶段能否协调。标准化低温菇房

及配套设施介绍如下。

1. 冷房结构 低温菇房通常用砖、石或混凝土结构，墙壁和地面用混凝土加固。地面下层除了能承重以外，还需防潮层和隔热层，并注意地面隔热层承受强度。墙壁和天花板的垫面也要防潮层，并与地面防潮层连接，使整个菇房内不受外界潮湿空气的影响。天花板与顶层之间，需有空隙流通空气，隔热层敷设在防潮层内侧，内侧再涂一层水泥面和其他保护材料，防潮层敷设在墙壁，南面或天花板接触温度较高的一面，可以用沥青、树脂或塑料等材料，防止房外热空气进入隔热层，遇冷凝结成水，聚集在隔热层中，而降低或丧失隔热性能。

2. 房间容量 为便于操作和房内气流畅顺与均匀性，采用架层式的结构与布局。每房长度以 8～10 米，宽 4～5 米，房顶高 4～4.5 米为适，若跨度过长，会影响空气循环的均匀性。培养架宽以 2 个菌袋长为度，搭架 4～5 层，一般每间 40 平方米的菇房，可排放菌袋 4 000 个。北京、新疆有的低温菇房面积 100 平方米，一次性放菌袋 1 万个。

3. 制冷系统 菇房制冷系统实际是仿效果蔬、水产保鲜贮藏库设施，但也有不同的地方。冷却方式按空气流动，分为自然对流（直冷）或强制对流（风冷）2 种方式。自然对流冷却，即采用各种冷却 S 形的盘管置于房内，盘管附近的空气冷却，温度降低，因而引起室内空气自然对流；强制对流冷却，即将制冷机的蒸发管装在风机内，利用风机强行送出的冷风，对库房内菌袋进行降温。降温后的空气又被吸回，再通过蒸发盘管冷却，周而复始地循环，通过冷气的快速流动，将菌袋子实体发育过程产生的热量带走。

4. 保温系统 保温材料通常采用聚苯乙烯泡沫板作冷

材。菇房之间的温差并非主要因素，只要有一定保温效果就可以，各间菇房相邻的温差较小，低温菇房升温方式，一般分为水暖加温、燃油热风加温和电热加温。在寒冷的北方，因其加温时间长，一般配置水暖加温较经济实用。燃油热风机也可作为水暖加温的补充热源。

5. 通风排气系统 外界空气是由各种气体组成的，其气体通过机械设备导入菇房内，其流量多少，称为通风量。通风量较大，房内的气象状态就越接近于外界空气，但就会造成冷量按比例的损失，从而消耗能量。因此，低温菇房要合理配套通风设备，安装排风机，房内的空气由另一端经过淋水的湿帘进入房内，使空气进行循环和流通良好。

6. 采光系统 低温菇房的房顶安装双层玻璃采光。近年来采用聚碳酸酯中空板，具有采光好，保暖、阻燃，抗冲击性强。该板向阳面有防紫外线涂层，冬季采光性能好。夏季可在房顶再加遮阳帘，使阳光均衡漫射入房，保护菇体免遭烧伤，同时可使温度下降 4℃～6℃。

新型冷房、冷棚、冷库等低温工程的设计和安装，应请从事制冷技术单位具体实施，北京诚信雪鑫制冷设备中心询咨电话：(010)62912014。

(三)生产季节安排原则

1. 产品逆向入市 工厂化智能控制生产白灵菇的栽培季节，应以产品逆向入市为上策，也就是产品反季节夏、秋上市。此时常规栽培的白灵菇已结束，市场断档，货源奇缺，价位高，效益好。因此，应于开春 1 月份至初夏 5 月份为菌袋接种期，5～10 月份这半年时间产品上市，填补白灵菇市场的空白。

2. 最佳接种期计算 计算最佳接种期的依据是：菌袋生产在人工调控适温的条件下，根据所选定的白灵菇菌株特性不同，一般需培养80～90天，菌袋生理成熟后进入低温和变温处理10～15天，再进入原基出现，到子实体采收需12～15天。这样进入冷房长菇培养的时间共需25～30天，前后累计生产周期为100～120天。1月份接种的菌袋，一般5月份产品上市；3月份接种的菌袋，7～8月份产品上市；4月份接种的菌袋，8～9月份产品上市；5月份接种的菌袋，9～10月份产品上市。一年安排4批栽培量。如果安排春、夏、秋、冬四季长菇，考虑到冷房栽培比顺应自然栽培成本高，冬、春季节长菇应发挥常规大棚设施的配套作用，在棚内长菇。

3. 菌种生产时间 菌种生产应按每期菌袋接种时间，提前70天进行原种和栽培种制作，这样才能保证如期供种。

（四）菌袋培养管理特殊控制

工厂化栽培的菌袋生产工艺流程按常规操作。菌袋恒温培养室，按第二章中发菌室"五要求"的标准进行建造，菌袋培养管理按第四章中规定技术标准进行操作。这里根据工厂化栽培的特点提出"三强调"。

1. 防止逆温危害 工厂化生产的菌袋培养室，摆放量大。早春气温低，接种后应加温培养，但要注意调控排气设施，把二氧化碳等有害气体排出室外，5月份接种的菌袋，培养期间正处于夏季，气温较高，要及时开启空调器降温，避免高温"烧菌"。恒温培养房温度要求保持23℃～25℃这个标准。

2. 衔接好前后批 菌袋在恒温室内培养的时间一般70～80天，然后转入低温出菇房。第一批长菇结束，菌袋退出后，第二批菌袋进房出菇，前后批要紧扣，避免菌袋进退间断或延长，造成菇房利用率低。

3. 间隔期控制重点 第一批菌袋长菇结束离房后，必须进行清理残物，再加大菇房通风量更新空气，然后打开紫外线灯照射消毒 20 分钟，再用气雾消毒剂按每立方米 6 克进行熏蒸灭菌，方可菌袋进房摆叠堆垛，进行低温刺激。

(五)智能运作出菇管理技术标准

白灵菇菌袋进入低温菇房的培养工艺流程：

菌袋堆垛→低温刺激→松口诱基→变温催蕾→疏蕾控株→幼蕾保护→菇体成形→采收出品

在这过程中，智能运作调控长菇生态环境标准如下。

1. 摆袋低温刺激 菌袋顺码摆叠于菇房的培养架层上，一般 4～5 层，每层 4～5 袋重叠堆垛。第一批 1 月份接种的菌袋 4 月份进菇房，因前期处于低温季节，所以不需再行低温刺激。而第四批接种的菌袋，处于夏季高温期培养，9 月份进库的菌袋，应进行低温刺激。从有关资料介绍 0℃～13℃范围较大，在实践中难以操作，河南省科学院贾身茂研究认为，冷房低温刺激以 8℃～10℃即可，一般 5 天使菌袋冷透。北京金信公司试验对比在 0℃～5℃低温下处理 7 天，长菇效果好。综合各地经验，认为低温应掌握 0℃～5℃条件下刺激 5～7 天为标准。

2. 松口变温催蕾 解开袋口前，先用克霉灵 2 000 倍液进行架床自上而下喷雾杀灭杂菌。24 小时后加大通风量后，把袋口扎绳解开，袋膜拉直后再扭拧。如果采取搔菌处理，也在此时进行。然后在空间喷雾化水，空气相对湿度控制在 80%，温度调控日夜温差10℃以上，进行变温刺激 7～10 天。

如果是利用现成的果蔬冷库改造菇房的，应打开库内白炽灯或日光灯 5 小时。光照度 200～300 勒，通过温差、光照和湿度变化，诱发袋内原基从料面发生，并分化成菇蕾。

3. 挽口疏蕾控株 当幼蕾长至花生米大时，把袋口薄膜反卷，进行疏蕾，每口留 1～2 朵。菇房温度控制 8℃～15℃，空间喷雾化水，保持空气相对湿度 85%。调节风量，房内空气新鲜，保持 300～600 勒光照度，促进幼蕾正常分化。

4. 协调生态环境 冷房出菇环境与自然出菇条件有很大差别，在出菇期特别注意观察菇蕾生长变化状况，相应调控生态环境。当菌袋现蕾后，长至 0.8～1.5 厘米时，菇房必须控制在子实体生长最佳温度 8℃～13℃范围内，同时增加库内与外界通风和房内循环流量，使幼菇生长受到抑制，菌盖肥厚形成馒头状的标准菇。空气相对湿度 80%～90%，时间控制在 5～7 天，光线控制在 500～800 勒光照度，使菇体色泽雪白。这是增加菇体重量，提高冷房栽培产品的商品性的关键技术。

5. 突破库内缺氧难点 冷库栽培难点是通风，房内是一个缺氧的环境，3 分钟通风后经 1 个小时，房内的二氧化碳浓度又恢复常量。通风量不足，易形成菌柄长的菇体，但长时间通风会降低房内温度，影响子实体正常生长，冷房内空气循环有利于改善菇体状态。通风与降温和保温产生矛盾，协调办法是可采取在进风管道加喷雾化水，以微电机带动通风或制冷同步运行来解决；同时可在房内喷石灰水来吸收二氧化碳气体。每天早中晚各开 1 次排气机，每次 30 分钟，更新菇房空气。

二、防空洞栽培四季长菇技术标准

利用防空洞、地下室等人防设施栽培白灵菇，通过配套机械设施，为调控温、湿、光、气，创造适于白灵菇生长发育的生态环境，形成四季长菇。

(一)防空洞的优势

防空洞内常年温度恒定在16℃～20℃之间，适于白灵菇菌丝生长，如果发菌期需要加温到23℃～25℃培养，其升温幅度也只有5℃～8℃。而进入长菇期要求8℃～15℃，也就要降温5℃～8℃。因此，它与专门建造出菇冷房对比，可节省基本建筑投资，减少保温等材料开支；同时升降温幅度低，电费可节省2/3。

(二)四季长菇茬口安排

白灵菇从菌袋接种至产品收成结束120天左右，按照生产周期计算，在茬口上，应以市场为导向，具体安排如下。

1. 春菇 1月份接种菌袋，“五一”前产品上市。

2. 夏菇 3月份接种菌袋，“小暑”前后产品上市。

3. 秋菇 6月份接种菌袋，“国庆”前产品上市。

4. 冬菇 9月份接种菌袋，“元旦”前后产品上市。

(三)菌袋接种培养技术控制

1. 严格无菌接种 防空洞栽培白灵菇的培养基配方、装袋、灭菌均按常规操作，灭菌后的菌袋，应及时运送到防空洞内进行接种。防空洞内事先应装修1个无菌室，或采取薄膜围罩成接种帐，接种时严格按照无菌操作规程进行接种。

2. 发菌场所消毒 防空洞发菌场所应事先清理好，洞内四壁用高浓度石灰水涂刷，地面撒干石灰粉，再用气雾消毒剂或硫黄熏蒸 24 小时后，打开通风口和排风机更新空气。菌袋入洞内，摆放于培养架上；也可采取两旁平地重叠 4～6 层菌袋，中间留作业道。

3. 养菌分段时限掌握 防空洞栽培无论在哪一个月接种的菌袋，头 3 天菌种定植期，温度要在洞内自然温度16℃～20℃的基础上，调高 6℃～7℃，达到 23℃～26℃，使菌种萌发菌丝定植吃料；4 天后为菌丝发育期，控制洞内温度23℃～25℃最适，但应不低于 20℃，此阶段通常 50～60 天；菌丝长满袋进入后熟期，培养时间 30 天左右，按洞内自然温度比较适合，不必调整。

（四）出菇关键控制点

1. 低温、变温催蕾 菌袋生理成熟后需要低温刺激，这对常年恒温的防空洞内栽培出菇是个技术难点。解决办法是分别产季采取不同措施，1 月份和 9 月份接种的菌袋生理成熟期，分别在 4 月份和 12 月份，在北方此时外界气温能适合的地区，可将菌袋搬出洞外避阳场所，让自然气温刺激 5～7 天。然后白天罩膜、夜间开膜，人为制造 10℃以上的温差刺激 10 天，再搬回洞内上架码垛、松口诱发原基。而 1 月份和 3 月份接种的菌袋，生理成熟期在 7～9 月份，处于大、小暑季节，这就需要制冷设备进行降温 24 小时，以 10℃以下为适，持续 5～7 天的低温刺激，再进行夜间 12 小时调控至 8℃～10℃，白天洞内自然温度 16℃～20℃，形成 10℃的温差刺激 10 天，然后松口诱发基形成菇蕾。防空洞冬季温度一般为

16℃～17℃，白灵菇子实体可以正常生长；夏季洞内20℃，这就要通过机械降温3℃～4℃，因为超过20℃子实体会发黄腐烂。

2. 长菇湿度灵活性 秋、冬防空洞内自然湿度65%～90%，夏天湿度高达100%，而长菇期要求洞内空气相对湿度80%～90%，正常情况下增湿较少。因此，要及时观察洞内湿度变化，夏季洞内高湿期，要加大通风量进行排湿；秋冬湿度不足80%时，相应进行喷雾化水补充。但要防止湿度过大，造成不长菌柄，不长菌盖或霉蕾烂菇发生。

3. 光照条件掌握 防空洞内处于黑暗的条件下，是不会出菇的。因此，洞内每隔5～6米，悬挂一盏节能灯。

4. 通风换气操作 长菇阶段要求洞内空气新鲜，每天要进行3次打开进风口和开通排气筒，让外界新鲜空气进入洞内菇房，使洞内气体向外排出。确保空气更新，满足菇体需氧的要求。

三、白灵菇废料再利用种菇技术标准

长过白灵菇的菌袋，其袋内废料，又称菌渣、菌糠。在结束生产时，清出废袋堆放菇棚外，这不仅污染环境，而且有些废料潜藏霉菌，造成空间杂菌孢子增多，给再生产带来更大困难。将这些废料集中处理，可以用于栽培竹荪、鸡腿蘑、草菇、姬松茸、毛木耳、大球盖菇、榆黄蘑等食用菌，既增加经济收入，又优化环境，这是白灵菇产业生态环保型的延续。

（一）废料畦栽竹荪技术标准

利用白灵菇废料栽培竹荪每667平方米面积，可收竹荪干品100千克，增加收入5 000～10 000元，其技术操作规程如下。

1. 菇荪产季衔接 白灵菇产季的终日，应于3月底前，最迟4月中旬生产结束，废袋退出，同时清理菇场。竹荪接种期4月中旬，至5月上旬止，经过2个月时间的发菌培养，至6月底和7月初产出第一潮竹荪，至9月底产季结束。

2. 废料处理配比 将废袋集中晒场脱去袋膜，取料捣散晒干。然后按废菌料50%，玉米秆47%（不是玉米产区的可采用棉花秆、豆秸、花生壳或竹木果桑枝桠，碎屑均可），石灰3%，加清水130%。采取一层秸秆，一层废菌料，把石灰溶于水中后，洒于料层上，逐层堆放，上面盖薄膜发酵10天，其间翻堆3～4次，拌匀，含水量60%～65%即可。

3. 铺料播种覆土 竹荪栽培场可在野外田地，林果园间或大棚内，畦床底宽50～60厘米，四周排水沟。先将发酵后的培养料，2/3量铺放于畦床上，在料面撒播竹荪菌种；再将1/3培养料铺在上面，用脚踩实，使菌料与菌种吻合，整个料层15厘米厚，形成底层宽，上层稍窄的菌床。每平方米用料12～15千克，菌种2～3袋，然后在料面覆土3～4厘米，最后在覆土层再铺放一层玉米、谷子等秸秆即可。野外田地栽培时，接种后可在畦旁套种玉米、大豆、辣椒等作物以作遮阳。

4. 出菇园间管理 播种覆土后若气温低时，畦床上方罩膜保温发菌，菌丝生长8℃～35℃均可，但25℃～28℃最适，发菌培养在适温条件下50～60天出现菌球，逐步膨大，并破口抽柄散裙形成子实体。子实体生长温度25℃～35℃内均可，每天上午空间喷水1次，空气相对湿度90%～95%，如果湿度低，菌裙悬结难以伸张，影响产品质量。长菇期处于高温期，光照度过大时，上方用遮阳网遮阳。

5. 适时采收加工 竹荪子实体形成都在每天上午10～12时，当菌裙下垂离菌柄1/3时，就要及时采收，否则过熟就会躺倒自溶。鲜品晒干或脱水烘干，鲜干品比例为8∶1，干品易潮，应及时用双层塑料袋包装，扎紧袋口。

(二)废料袋栽鸡腿蘑技术标准

利用白灵菇废料栽培鸡腿蘑，生物转化率达100%～130%。下面介绍河北省滦南县废料袋栽鸡腿蘑技术标准。

1. 废料处理 将废袋割膜取料，粉碎晒干，按废料90%、麦麸5%、石灰3%、石膏2%，料与水比为1∶1.3。混合加水拌匀，含水量60%～65%，就可直接装袋。

2. 栽培季节 鸡腿蘑2月中旬接种，3月上旬覆土出菇，或9月上旬接种10月上旬覆土出菇。

3. 接种养菌 选用26厘米×35厘米×0.05厘米的低压聚乙烯塑料袋，每袋装干料1千克。装袋后常压灭菌8～12小时，冷却30℃以下时，两头接入菌种，菌种占干料量的10%左右。

4. 发菌培养 接种的菌袋堆垛5～8层发菌培养，温度25℃左右，每7天翻堆1次，并结合刺孔通气，20～25天菌丝走满袋。

5. 出菇管理 将生理成熟菌袋竖于畦床中，袋内覆土3～4厘米。长菇期控制温度14℃～22℃，空气相对湿度85%～95%，并结合通风，光照，促进现蕾。采收二潮后，将菌袋翻倒再覆土出菇，一般能长四潮菇以上。

(三)废料栽培榆黄蘑技术标准

利用白灵菇废料栽培榆黄蘑，河北省唐山市农科院刘海英等2004年在开平区刘家新庄子示范投料1万千克，经专家现场测产，平均每袋干料1千克，产量2.12千克，生物转化率达212%。其技术标准如下。

1. 废料处理 将白灵菇废袋集中晒场，脱去袋膜，打散晾晒至干，然后堆制发酵处理，再装袋。每袋装干料1千克，并通过常压灭菌2小时。

2. 最佳配方 废料栽培榆黄蘑的配方多少比例为适？该院作了试验对比，表明最佳配方为：废料60.5%、棉籽壳30%、麦麸5%、过磷酸钙2%、石膏1%、石灰1.5%。

3. 栽培季节 选用榆黄蘑菌种2号，2月份制作菌袋，发菌培养按常规操作，4月份进入长菇期。

4. 出菇管理 榆黄蘑出菇最适温度20℃～24℃，低于15℃长菇困难，空气相对湿度85%～90%，需要500～800勒光照度，注意通风，保持菇房空气新鲜。1次接种可长菇三至四潮。

第六章　病虫害防治技术标准

白灵菇要在现有无公害生产的基础上，向绿色、有机产品标准方向发展。在病虫防治上必须坚持“以防为主，防重于治”的原则，提倡生态防治、生物防治、物理防治，尽量不用或少用化学农药的综合防治措施。在万不得已的情况下使用化学农药时，要严格执行农业部 NY/T 393-2000《绿色食品农药使用标准》，在原基形成后至采收前，严禁使用任何农药，确保产品无污染，安全卫生。

一、杂菌控制技术标准

(一)常见杂菌种类

1. 绿色木霉(*Trichoderma uiride Pers. ex. Fr*)　是竞争性杂菌之一。其菌丝生长浓密，初期呈白色斑块，逐步产生浅绿色孢子。菌落中央为深绿色，向外逐渐变浅，边缘呈白色；后期变为深黄绿色、深绿色，会使培养基全部变成墨绿色，受其侵染后养分遭受破坏，严重时使培养基全部变成墨绿色，发臭软腐，整批菌袋腐烂。被视为不可救药的“癌症”。

2. 链孢霉(*Neurospora Sltophila*)　亦称脉孢霉、串珠霉，俗称红色面包霉，是秋季菌袋污染常见的杂菌。其菌落初为白色、粉粒状，后为绒毛状；菌丝透明，有分枝、分隔，向四周蔓延；气生菌丝不规则地向料中生长，争夺养分，破坏基质。分生孢子初为淡黄色，后为澄红色，传播力极快，给生产带来损失。

3. 毛霉(*Mucor*) 又名长毛菌、黑面包霉。其菌丝在培养基上初期白色,后变为灰褐色、灰色,争夺养分,破坏白灵菇菌丝正常生长,直至菌袋变黑报废。

4. 曲霉(*Aspergillus*) 其品种较多,主要是黑曲霉、黄曲霉。曲霉的菌丝比毛霉菌粗短,初期为白色,以后会出现黑、黄、棕、红等颜色。在菌袋接种培养上,常发生侵染培养料表面,争夺养分,分泌有机酸的毒素,影响白灵菇菌丝的生长发育;并发出一股刺鼻的臭气,致使菌丝死亡;同时也危害子实体造成烂菇。

5. 青霉(*Penicillium* spp.) 常见的有黄青霉、圆弧青霉、淡紫青霉等。菌丝前期多为白色,后期转为绿色、蓝色、灰绿色等。一般侵染培养料表面,出现形状不规则、大小不等的青绿色菌斑,并不断蔓延。适宜温度 20℃～25℃,在弱酸性环境中繁殖迅速,争夺养分,产生毒素隔绝空气,破坏白灵菇菌丝生长,影响子实体的形成。

6. 酵母菌 有酵母属(*Saccbaromyces*)和红酵母属(*Phodotorula*)。酵母菌的菌落有光泽,边缘整齐、较细菌大、厚,颜色有红、黄、乳白等不同类别。受害后培养料变质,呈湿腐状,散发出酒糟气味;菌种接入料中菌丝不萌发、不定植,造成培养料酸败。

(二)杂菌污染原因

菌袋生产过程,导致杂菌污染的因素有诸多方面,操作失误是其主要原因。

1. 基质酸败 常因原料不好,木屑、麦麸结团、霉烂变质;有的因配料含水量过高,拌料、装袋时间拖长,为附着在原料中的细菌、杂菌等孳生创造了条件，因而引起发酵酸败。

2. 料袋破孔 木屑粗条装袋时刺破料袋，袋头扎口不牢而漏气；灭菌卸袋检查不严，袋头纱线松脱未扎，气压膨胀破了袋又没贴封口等，都会引起杂菌侵染。

3. 灭菌不彻底 料袋排列不合理，蒸汽无法循环流动，受热不均匀或有死角；中途停火，掺冷水突然降温，灭菌时间没达标就卸袋等，都难以灭菌彻底。

4. 菌种不纯 菌种老化，接种前菌种又没做预处理，抗逆力弱，萌发率低，接种口容易被杂菌侵染；有的菌种本身带有杂菌。

5. 接种室条件差 接种室密封性不好，加之药物掺杂使假，有的失效；接种人员把杂菌带进无菌室内；接种后没有清场，没有通风换气，造成"病从口入"。

6. 养菌场所差 培养场所四周靠近厕所、畜禽舍和食品酿造的微生物发酵工厂；排袋场所简陋，空气不对流，二氧化碳浓度高；培养场地潮湿或受雨水淋浇；翻堆检杂中所拣出的污染袋又没有及时处理，到处乱扔，造成环境污染。

7. 检杂处理不彻底 翻袋检杂马虎，虽已发现有杂菌斑点侵染，或菌袋被虫鼠咬破，却处理不及时，以至蔓延。特别是接种穴口被杂菌侵染和被虫、鼠咬出破口，很快互相传播，导致成批菌袋遭受污染。

(三)预防污染措施

1. 净化环境 严格按照无公害白灵菇产地环境条件要求选址和环境卫生消毒处理；接种室、培养室、冷却室，应与原料仓库、菇房、配料场保持一定距离；周围环境应尽量清除污染源。如畜舍禽棚、化粪池、污水坑、垃圾场、废料堆等；并做好日常的卫生清洁和定期消毒。

2. 原料把关 原料要求不霉烂变质，配方要按规定比例，培养料发酵后要尽快装袋，间隔时间越长，越易引起杂菌污染。

3. 灭菌彻底 料袋常压灭菌要求4小时内温度达到100℃后，持续16～18小时灭菌时间，大型钢板灭菌灶5 000袋以上的要保持24小时，中间不降温。

4. 菌种纯化 白灵菇菌种，从母种到栽培种繁殖，都要严格执行无菌操作规程，认真检查质量，菌种纯度100%方可使用。

5. 严格操作 接种室、接种帐、接种工具、接种人员的手臂等都要严格消毒。接种动作要快，达到快解袋、快接种、快扎口。一批菌袋未接完，人员不要进出接种室。

6. 科学管理 发菌场所干净清洁，做好消毒杀虫。菌袋放入发菌场所。摆叠堆垛不宜过密。空气相对湿度不能超过70%，温度要控制在25℃左右，不超过30℃，高温、高湿易引起杂菌发作；加强通风、换气，注意避光养菌；每隔7天进行翻堆检查。

7. 及时处理 一旦发现杂菌污染，首先是隔离另处，再区别污染程度分别处理。对局部小范围污染的，可用百菌清800倍液注射患处，并挤挪菌袋使其渗透；袋头污染链孢霉已出现橘黄色分生孢子的，可用柴油涂擦，再用塑料袋套进扎口断氧控制；污染面大，数量多时，采取重新进灶灭菌，冷却后重新接种培养。

二、虫害防治技术标准

(一)主要虫害种类

1. 菌蚊 又称菇蚊,主要咬食白灵菇子实体。而幼虫多潜入较湿的培养基内吮食菌丝,咬食原基,被咬后菇体干瘦死亡。

2. 跳虫 又名烟灰虫、香灰虫,常群集在菇棚内咬食子实体,严重时袋面呈灰色。

3. 害螨 俗称菌虱,种类很多,以吃菌丝为主,被害菌丝变得稀疏,不再发育,直至被吃光致死,影响出菇。

4. 线虫 线虫为蠕形小动物,常以针口刺入菌丝内吸食菌丝的细胞液,造成菌丝退化,不出菇;还咬食子实体,并带来细菌造成烂菇。

5. 蛞蝓 又名水蜒蚰、鼻涕虫,软体动物,咬食菇体成缺刻,伤害组织,所到之处会留下一道白色黏质带痕及排浅色粪便,有时伤害处也感染霉菌和细菌。

(二)虫害发生原因

1. 栽培场所不净 菇棚四周杂草丛生、垃圾乱扔,给害虫提供生殖繁衍条件。

2. 防虫设备不全 害虫飞入无阻,侵害自由。

3. 环境过分潮湿 菇棚梅雨季节湿度大或喷水增湿,忽视通风,造成闷湿,有利于入侵害虫繁殖,增加虫害指数。

(三)防治技术标准

1. 净化环境 菇棚四周和棚内经常撒石灰粉消毒处理，保持环境清洁卫生，杜绝虫源。

2. 加强设施 房棚内安装日光灯，在灯光下放半盆0.1%敌敌畏杀虫乳油；也可用除虫菊酯熬成浓液，涂粘于木板上，挂在灯光附近地方，粘杀入侵蚊虫。

3. 调控生态 菇房避免高温高湿，喷水时采取喷头朝天喷雾化水，空气相对湿度不超过 90%；长菇期温度控制在8℃～13℃，不超过 20℃，每天定时通风，更新空气。

4. 及时诱杀 子实体生长前期发现螨虫，可用新鲜烟叶平铺在有螨虫的菌袋旁，待烟叶上聚满时，取出用火烧死；也可用鲜猪骨间距 10～20 厘米排放螨害处，待诱集时取出用沸水烫死；还可以用茶籽饼研成粉，微火炒至油香时出锅撒在纱布上，诱满后取出用沸水烫死。长菇期发现虫害时，可用 1%冰醋酸或 25%茶籽饼清水浸泡液喷洒或夜间 10 时人工捕捉。老鼠用捕鼠器或粘鼠板捕杀。

三、病害防治技术标准

病害分为侵染性和非侵染性 2 类。侵染性病害，又称寄生性病害。它由病原生物包括细菌、病毒和线虫等侵袭传播，造成病状：变色、斑点、腐烂、发臭。非侵染性病害是管理失控所致。

(一)斑点病防治技术

1. 病状 感病的菇体上，初期菌盖出现黄色或淡褐色的斑点，中央稍凹陷，后期斑点变成棕褐色，并出现黏液，有臭味；严重时菌盖布满斑点，并由菌盖蔓延到菌柄，而菌褶较少污染。

2. 原因 病原菌为托拉斯假单胞杆菌（*Pseudomonas tolaasii*，Paine）侵染。发生原因多为原材料或土壤潜存，也因喷水和线虫及工作人员操作而传播。菇房湿度过高，通风不良，气温超过 24℃发病率较高。

3. 防治措施 菇棚场地及设施严格消毒，喷水时注意通风，使空气相对湿度不超过 90%。防止昆虫入侵菇棚，可在棚内挂除虫菊酯粘板进行粘杀。发病时可喷洒有效氯 150 毫克/千克的漂白粉溶液或 100～200 单位的农用链霉素进行防治。

（二）褐腐病防治技术

1. 病状 病菇停止生长，菌盖、菌柄的组织和菌褶逐渐由洁白转变褐色，最后腐烂发臭。

2. 原因 病原菌为疣孢霉（*Mycogone perniciosa* Magn），多发生在头潮菇。因菌袋含水量多，在气温 20℃时发病增多。主要是通过被污染的水或接触病菇的手、工具等传播，侵入子实体组织的细胞间隙中繁殖，引起发病。

3. 防治措施 培养基必须灭菌彻底，出菇期喷水保湿和补充菌袋的用水，都要清洁无污染，同时加强通风换气。发现病菇及时摘除、销毁，然后停止喷水，加大通风降低空气相对湿度。发病后采用链霉素 1∶50 倍溶液喷洒菌袋，杀灭隐藏的病菌，避免二潮菇病害复始。

(三)萎菇病防治技术

1. 病状 受害主要为菇蕾期,幼蕾萎缩,色泽由白变灰白,逐渐变成褐色,停止发育,逐渐枯干。

2. 原因 病原为噬菌丝茎线虫(*Ditylenchvs myceliophaguas* Goodey)蠕形小动物为害。常因菇棚湿度过大,通风不良的情况下发生,以针口刺入子实体吮食原基和幼蕾组织,使菇蕾失去生长发育的能力而萎缩枯干。

3. 防治措施 菇棚环境及设施严格消毒,培养料采取先集堆发酵后,再装袋灭菌;菌袋培养期间注意控温,以不超过28℃为好;适时松口增氧,使菌丝正常新陈代谢,如期由营养生长转入生殖生长;幼蕾阶段喷水宜少,防止淤积,同时加强通风换气;对病菇及时摘除,并搔除病菇周围表层,用10%石灰水涂刷患处;停止喷水2天后,让菌丝复壮,然后适量喷水,促使再长菇。

(四)裂纹病防治技术

1. 病状 菌盖表层裂纹,色灰白,失去光泽,外观受到影响,俗称花面菇。

2. 原因 多为菌袋基质含水率低于50%,长菇期气候干燥,空气相对湿度低于80%,或因菇棚光线过强,直照菇体时间过长引起,属于非侵染性病害。

3. 防治措施 先判断裂纹原因,对症处理。菌袋含水量低的可采取注水补充,同时空间喷水增湿;菇棚上方草帘调整"三阳七阴",尽量避免光线直射菇体。

（五）水斑病防治技术

1. 病状 菌盖表面呈现黄色渍水状斑点，引起盖面点状凹陷，病斑逐渐变干，无异味，产品外观受影响，但不影响子实体生长，属于非侵染性病害。

2. 原因 多为菇棚内湿度过大，棚顶水分凝结，水珠下滴在菌盖上，加之通风不良，二氧化碳浓度聚集。

3. 防治措施 棚顶要采用无滴膜，避免凝结水滴落菌盖；加强通风换气，喷水不宜直喷菇体上，长菇期湿度掌握不超过90%。

四、畸形菇原因及控制秘诀

畸形菇降低产品等级，甚至失去商品价值，影响了栽培者经济效益。因此，这个难题成为栽培者共同关注的焦点。

（一）畸形菇种类

白灵菇常见的畸形有：菌盖紧抱不展“拳头菇”，柄长肥粗、盖小“长柄菇”，盖凹陷、边裂外卷“破碗菇”，盖窄长“牛舌菇”，盖面斑点“麻脸菇”，盖中瘤肿突起“胀腹菇”，两盖并展柄紧连“蝴蝶菇”，盖弯曲不平“波边菇”，盖圆包裹菌褶收缩“光头菇”，盖面纵裂沟缝“花纹菇”，数菇并生“莲花菇”。

（二）畸形菇发生原因

1. 房棚结构不合理 常因菇棚建造简陋，结构不合理，空气不流通；有的塑料大棚通风口朝着菌墙两端；也有的虽然开有通风口，但为了保温，始终没打开。由于棚内空气不流通，造成严重缺氧，致使好气性的白灵菇变成畸形。

2. 菌墙垒叠欠妥 菌袋进棚堆垛或垒墙太高，10袋一码，超过1米；有的菌墙之间填入黏性土壤，不透气；有的填土后浇水不足偏干；有的菌墙码垛过于密集，中间不填土；有的菌袋垒墙时，袋头露外一端割膜，无保护措施，致使菌丝体露空枯干。

3. 先天性营养缺陷 配方中原辅料棉籽壳、麦麸陈年受潮霉变，养分降解；有的因培养基酸败，有的因菌袋内水分蒸发，菌丝体脱水。这些属于先天性营养不良，引起菇盖薄，波边状或不展盖，色偏黄不白的变异菇。

4. 预产期把不准 常因栽培者求菇心切，菌丝生理没成熟就进入人为催蕾，造成早产畸形。

5. 催蕾技术没到位 低温刺激不够，与生殖期理化要求不协调，导致子实体发育受到抑制而变形；有的在冬初菌袋进棚催蕾时，为了保温，疏忽通风，棚内严重缺氧，结果催出的尽是长菇柄或拳头菇。

6. 疏蕾未引起重视 明知蕾太密，舍不得摘掉；也有的留蕾太多。由于蔬蕾忽视，出菇互相拥挤，因此出现并连蝴蝶形，侧向长牛舌状等变异体态。

7. 长菇期管理不善 长菇期间因温、光、气调节不好，导致菇体发育斜侧长出，或驼背或盖面凹陷，或斑点麻脸，色变。

（三）避免发生畸形菇的秘诀

控制畸形菇的发生，综合各地经验有“七秘诀”。

1. 菇棚结构合理 菇棚应坐北朝南或坐西向东，从保温和通风考虑，栽培房棚不宜太大，每棚3 000～5 000袋为适，应能开能闭，有利于纵向空气对流；棚顶应用无滴膜加草帘或遮阳网。

2. 栽培基质“四必须” 一是培养基原料必须新鲜无霉变,用前阳光暴晒杀菌;二是配方碳氮比必须控制在 30∶1,含水量不得低于 60%,pH 值不低于 7;三是添加剂必须控制按绿色食品要求,配方中不超过 5%;四是发酵必须掌握机制,时间控制 7 天,翻堆 3 次。

3. 菌丝成熟“三标准” 白灵菇需“百日养菌,一朝现蕾”。菌袋成熟“三标准”:一是菌龄从接种日起累计养菌时间 90 天;二是菌袋表层菌丝色泽浓白;三是基质手感紧硬、略有弹性,拍打有“嘭”声。

4. 菌袋垒墙“五个要” 时间要准:菌袋生理成熟后进行堆垛垒墙,一般在 11 月份至 12 月份上旬要完成;叠墙要稳:菌袋码垛 6～7 层,倾斜形下大上小,菌墙间相距为作业道;割膜要适:菌袋割膜不超过 2/3,向外露一端留 1.5～2 厘米;填土要好:菌袋间填土应以黏性土加砂壤土,拌以石灰 1%、复合肥 0.5%配成营养土;气孔要打:菌墙顶部蓄水位打孔,作为通气孔和灌水两用。

5. 低温催蕾“四配合” 一是开口增氧,让微量空气透气进袋内,但不可把袋口全开,防止菌体干燥;二是搔菌扒掉原菌种块及周围 2 厘米左右的老化菌皮;三是晴天用喷雾器在棚内空间喷雾化水,空气相对湿度要求 85%;四是夜间掀起棚边盖膜,自然降温,形成干湿刺激;五是引光散射,要避免直照,防止水分蒸发,原基萎缩或裂成花纹菇。

6. 疏蕾护蕾“五要求” 留蕾适量:每袋一般留 1～2 个;选蕾准确:选优去劣,留大去小,留强去弱,疏密留稀;小心操作:用利刀将多余幼蕾割除,不可伤及保留的菇体及菌丝;疏后保温保湿:不低于 8℃,不超过 20℃,空气相对湿度85%～

90%;棚内空气新鲜,引光增温,促进菇蕾发育。

7. 出菇管理“三协调” 加温与保氧协调:长菇期正处于腊月刮北风、气候寒冷,除了白天引光增温,罩膜保温外,夜间可采取在棚外燃烧,蒸汽进棚升温。但注意不可忽略通风,以免缺氧,导致菇体变形;增湿与通风协调:长菇期空气相对湿度要求85%~95%,寒冬干燥,需要在空间喷雾化水增湿;同时结合通风,切忌喷关门水或过量水,以免棚内缺氧,或水滴落于菇面,而引起盖面积水凹烂成麻脸;引光与保湿协调:长菇期需要散射光500~1 000勒光照度。棚顶草苫之间需拉开6~10厘米,创造“三分阳、七分阴”的环境。但切忌光线过强,以免造成水分蒸发,菇体裂纹。晴天棚内菌墙间的作业道应保持浅度蓄水,使光线进棚后,水分蒸汽上升,增加空间湿度;早晚可喷雾增湿,但切忌喷到子实体上,以免造成烂菇或菇盖变黄。

第七章　产品保鲜与加工技术标准

白灵菇作为高档食用菌产品，现有市场上主要以保鲜应市和加工罐头制品，少量切片脱水烘成干品。下面分别介绍白灵菇标准化加工技术。

一、保鲜包装贮运技术标准

国内外市场对白灵菇的质量要求十分严格，为了延长贮藏时间，保证产品质量安全，外形鲜靓清爽，提高商品价位。郭恒等(2005)进行了专题研究，其可操作性技术标准如下。

(一)成熟采收标准

1. 成熟标志　白灵菇成熟度和采收期，主要从菌盖是否充分伸展和边缘是否内卷来确定。当菌盖已平展，边缘仍有内卷时，是最适采收期。此时菇体饱满、滑润、清亮、洁白。若过早采收，子实体大小和质量达不到限度范围；若拖迟采收，子实体已过熟，菌盖边缘上翘，大量孢子释放，消耗营养，接近于衰老。从白灵菇生长期看，由现蕾到采收一般15天左右，但温度低时可能20多天。

2. 采收方法　选择晴天中午前开采，采收时用锐刀沿培养基表面把菇体完整地采下，并将粘附在菇体表面的异物轻轻去掉；切去菇柄，注意切口要平齐。然后按大小、形状、重量分别放入塑料泡沫箱中。从采收到入箱，都要轻拿轻放，防止碰破划伤菇体，保持菇体的完整与洁净。

3. 注意事项 为确保产品质量，采收前 3 小时不应喷水。阴雨或浓雾天，菇体表皮细胞膨胀，易造成机械损伤，且菇体盖潮湿，易受病原微生物侵染，因此要引起注意。

（二）鲜菇预冷标准

白灵菇采收后，3～6 天菇体内水分大量散失，菌褶开始变褐，风味劣变，商品价值下降，为此采收后要及时移入0℃～1℃的冷库中预冷 15～20 小时，预冷的目的是除去菇体从田间带来的热量，使组织温度降低到一定程度，以延缓代谢速度，防止失水、变黄或腐软。预冷的时间，以菇体中心部位温度降到与冷库温度相同为宜。冬季低温季节，当外界气温在0℃左右时，菇体温度低，不需冷库预冷。鲜菇在－0.5℃以下，会产生冻害，应该注意。

（三）包装技术标准

经预冷的鲜菇，进行分级整修和包装。包装要执行农业部 NY/T 658-2002《绿色食品　包装通用准则》标准。先把每朵菇用 27 厘米×27 厘米见方的食品包装纸包上。包装纸应符合 GB 11680《食品包装用原纸卫生标准》。包好的鲜菇一个一个逐层摆放在塑料泡沫箱中，每箱净重 5 千克。箱底铺 2～3 层包装纸，菇上面孔隙也用包装纸填满，箱口用胶带贴封。塑料泡沫箱的外形尺寸为长 48 厘米，宽 32 厘米，高 20 厘米。塑料泡沫箱要符合 GB 9689 食品包装用聚苯乙烯树脂成型品卫生标准。泡沫箱密度≥14 克。包装车间温度恒定在 5℃～10℃。包装后放回 0℃的冷库内暂存。每箱装 5 千克鲜菇，装菇朵数见表 7-1。

表 7-1　白灵菇按分级标准每箱装菇朵数

级　别	装　菇　朵　数
特-1、特-2、特-3	22～28(175～225 克/朵)
A-1、A-2、A-3	29～33(150～174 克/朵)
B-1、B-2、B-3	34～50(125～149 克/朵)
C-1、C-2、C-3	51～66(75～124 克/朵)
D-1、D-2、D-3	67～100(50～74 克/朵)
E-1、E-2、E-3	≥101(≤49 克/朵)

(四)运输技术处理

根据市场运达时间的长短，进行技术处理。据苏云忠(2005)试验，运输时间在 48 小时内，可在泡沫箱内两侧各放一袋降温冰块，常用 12 厘米塑料袋，每袋装入碎冰 4～5 千克，扎牢袋口，然后盖好箱盖，用塑料胶带密封，采用普通汽车即可运。如果运输时间需 10 天到达，应采用冷藏车运送，温度控制在 1℃±0.5℃。采取上述技术处理，一般鲜菇贮藏期 25～35 天，好菇率达 97%～100%，变褐色 1.5%，软化率 1%，失重率 1.5%，没有腐烂和异味，感观鲜度好。

运输基本要求快装快运，轻装快卸，防热防冻。运输工具，出口远距离国家，多采用空运，迅速快捷，商品鲜度强；沿海产区与到达国家较短距离的，也可采用冷柜海运，成本低。

二、无公害白灵菇鲜品质量标准

白灵菇产品质量标准，目前绿色食品白灵菇、有机食品白灵菇的国家、行业和地方标准尚未见公布。这里根据无公害和绿色食品的要求和综合主产区的地方标准和企业标准，提出无公害白灵菇产品质量标准供参考。

(一)鲜品分级感观指标

无公害白灵菇分级感观指标见表 7-2。

表 7-2 无公害白灵菇鲜品分级感观指标

等级	单菇重和含水量	1	2	3	备注
特	175～225 克 ≤85%	扇形,基本平展,完整、有卷边,白色,厚≥2.5 厘米,菌褶不破不倒,乳白色	扇形、欠平展、完整、有卷边,有少量斑块,白色,厚≥2.5 厘米,菌褶有少量倒或破,乳白色	菌盖畸形,有卷边,有少量斑块,完整,白色,厚≥2.5 厘米,菌褶有少量倒或破,乳白色至乳黄色	特 1 级中 180 克以下鲜销,其余加工 2 朵装罐头
A	150～174 克 ≤85%	扇形,基本平展,完整、有卷边,白色,厚≥2.5 厘米,菌褶不破不倒,乳白色	扇形,欠平展,完整有卷边,白色,厚≥2.5 厘米,菌褶有少量倒或破,乳白色	菌盖畸形,有卷边,有少量斑块,完整,白色,厚≥2.5 厘米,菌褶有少量倒或破,乳白色至乳黄色	A 级鲜销
B	125～149 克 ≤85%	扇形,基本平展,完整、有卷边,白色,厚≥2.5 厘米,菌褶不破不倒,乳白色	扇形、欠平展、完整、有卷边,有少量斑块,白色,厚≥2.5 厘米,菌褶有少量倒或破,乳白色	菌盖畸形,有卷边,有少量斑块,完整,白色,厚≥2.5 厘米,菌褶有少量倒或破,乳白色至乳黄色	加工 3 朵装罐头

续表 7-2

等级	单菇重和含水量	1	2	3	备 注
C	75～124 克 ≤85％	扇形，基本平展，完整、有卷边，白色，厚≥2.5 厘米，菌褶不破不倒，乳白色	扇形、欠平展、完整、有卷边，有少量斑块，白色，厚≥2.5 厘米，菌褶有少量倒或破，乳白色	菌盖畸形，有卷边，有少量斑块，完整，白色，厚≥2.5 厘米，菌褶有少量倒或破，乳白色至乳黄色	加工 4～6 朵盐渍菇或鲜销或加工 4～5 朵罐头
D	50～74 克 ≤85％	扇形，基本平展，完整、有卷边，白色，厚≥2.5 厘米，菌褶不破不倒，乳白色	扇形、欠平展、完整、有卷边，有少量斑块，白色，厚≥2.5 厘米，菌褶有少量倒或破，乳白色	菌盖畸形，有卷边，有少量斑块，完整，白色，厚≥2.5 厘米，菌褶有少量倒或破，乳白色至乳黄色	加工 7～10 朵盐渍菇或鲜销
E	≤49 克 ≤85％	扇形，基本平展，完整、有卷边，白色，厚≥2.5 厘米，菌褶不破不倒，乳白色	扇形、欠平展、完整、有卷边，有少量斑块，白色，厚≥2.5 厘米，菌褶有少量倒或破，乳白色	菌盖畸形，有卷边，有少量斑块，完整，白色，厚≥2.5 厘米，菌褶有少量倒或破，乳白色至乳黄色	市场鲜销

录自《食用菌》(2005.4 董桂萍等)

(二)低温贮藏保鲜理化指标

目前白灵菇采用PE(聚乙烯薄膜袋)抽空减压、低温保鲜进城应市,其货架期可达25天,在保质期内物理性状和允许变幅指标,见表7-3。

表7-3 无公害白灵菇低温贮藏保鲜理化指标

项 目	物理性状和允许变幅指标
色 泽	乳白、无褐变、萎黄,菌褶微黄或米黄,褐变率≤1.5%
质 地	菌盖紧实有弹性,软化率≤1.5%,无腐烂
形 状	朵形完整,保持原有自然形态不变,无萎缩、开裂、残缺
气 味	特有菇香、无异味、鲜美风味不变
失重率	≤2.5%(原始重量值比)
蛋白质	≤3.5%(原始重量值比)
碳水化合物	≤1.5%(原始重量值比)
脂 肪	≤1.5%(原始重量值比)
粗纤维	≤2.5%(原始重量值比)

(三)无公害白灵菇卫生标准

无公害白灵菇无论是鲜品或低温保鲜品,其卫生指标应符合国家GB 7096-2003《食用菌卫生指标要求》见表7-4。

表7-4 无公害白灵菇鲜品(保鲜品)卫生指标

项 目	指 标(毫克/千克)
总砷(以AS计)	≤0.5
铅(Pb)	≤1.0
总汞	≤0.1
六六六	≤0.1
滴滴涕	≤0.1

(四)绿色白灵菇农残限量标准

国家农业部 NY/T 749-2003《绿色食品　食用菌》标准规定农药残留最大限量指标。白灵菇作为绿色食品，应实施这个标准。见表 7-5。

表 7-5　绿色食品　食用菌农药残留最大限量指标

项　　目	最大限量指标(毫克/千克)
六六六	≤0.1
滴滴涕	≤0.05
氯氰菊酯	≤0.05
溴氰菊酯	≤0.01
敌敌畏	≤0.1
百菌清	≤1.0
多菌灵	≤1.0

白灵菇产品标准化还必须进一步研究完善，并争取国际标准化组织(ISO)协调，使之与 ISO 2000 食品安全管理体系要求标准衔接，经得起 WTO 组织的 TBT(贸易技术壁垒)和 SPS(实施动植物卫生检疫措施协议)严格的产品检验考验，做到“三不超”(农残、重金属、病原微生物)，从“田园到餐桌”安全有保证。

三、盐渍加工技术标准

盐渍也是一种保鲜形式，通过盐渍来控制菇体酶组织的活力，使其保持采收后的成熟度，使产品既有本品的特征，又有独特的风味，因此颇受市场青睐。下面介绍目前较为常用的盐渍加工基本工艺规程。

(一)原料选择

凡供盐渍加工的白灵菇,应适时采收,其蛋白质含量高,香味纯正浓郁,质地脆嫩,色泽鲜艳,耐贮存。通常掌握菇体8～9成熟采收。采收后应及时加工,原料愈新鲜,加工出来的品质也愈好。因此,从采收到加工一般不要超过24小时,间隔时间愈短愈好。如果时间拖得过长,风味愈差,色泽改变,影响加工成品的质量。采收后要根据菇体大小、重量、品质进行分级。在分级过程中,要除去霉烂、病虫害残次菇及泥沙等杂质;并将菇柄基部老化的部分剪去,根部的黑蒂去掉。当天采收,当天加工,不可过夜。

(二)预煮杀青

将鲜菇浸入5%～10%的盐水中,用不锈钢锅或铝锅预煮。预煮目的是杀死菇体细胞组织,进一步抑制酶活性,排出体内的水分,使气孔放大,以便盐水很快渗透菇体。现在介绍2种预煮法。

1. 热水预煮法 先将水煮沸或接近沸点,然后把鲜菇投入水中,加大火力使水温达到100℃或接近沸点温度。煮沸时间依菇体大小而定,一般约7～10分钟,以剖开菇体内没有白心为度,然后捞出,立即投入流动清水中冷却。为减少可溶性物质的损失,煮沸水可多次使用。目前我国多数工厂采用此方法。如菇量过多,一时处理不完,可用1%的盐水浸泡,在短期内保存处理。

2. 蒸汽预煮法 将鲜菇装入蒸锅或蒸汽箱中,用锅炉供给蒸汽,温度控制在80℃～100℃,处理5～15分钟后,立即关闭蒸汽，取出冷却。采用此法，可以避免营养物质的大量损失，但必须要有较好的蒸汽设备，否则受热不匀，预煮质量差。

（三）加盐腌制

把预煮冷却沥去水分的菇体，按每100千克加50千克食盐进行盐渍。现介绍3种盐渍方法。

1. 层盐层菇法 先在缸底铺2厘米厚的盐，再铺一层菇，再逐层加盐、加菇，直至缸满，最后一层盐稍厚；放上竹帘，再压上重物；然后加入煮沸后冷却饱和盐水，调整pH值3.5左右，上盖纱布，防止杂物混入。经常检测缸内盐液浓度，保持18波美度以上，即1升盐水中食盐含量为205克以上。

2. 饱和盐水法 先将缸内装入饱和盐水，然后放入经预煮凉透的菇体，再压重物，盖上纱布。由于加入菇体后盐水浓度会降低，要不断补充盐分，始终保持盐液成饱和状态。

3. 梯度盐水法 经预煮冷透的菇体，先浸入10%～15%的盐水中，让菇体逐渐转成正常黄白色，经3～5天后，把菇捞出沥干水。然后转入23%～25%的盐水中浸渍1周左右。这段时间要勤检查，一旦发现盐水含盐量不足18%的食盐水溶液时，应立即补上。加盐方法是适当去掉缸内的淡盐水，加上饱和盐水。盐水浓度调至18%或稍高。一般情况转缸两次即可，每次转缸后要用竹帘压上，使盐水淹过菇面，以防面上的菇体露空变色。

（四）翻缸装桶

盐渍完毕进入翻缸阶段。如果没有打气搅拌盐水，冬天应7天翻缸1次，共3次；夏天应2天翻缸1次，共10次，即可装入塑料桶。装满后加入饱和盐水，再加300～400克柠檬酸，并测试酸碱度。测定后按要求的重量将菇体装入塑料袋内，加上封口盐，用线扎紧塑料袋口。现有专用塑料包装桶，每桶装量净重 50 千克左右，即可贮藏或运输。

(五)质量标准

盐渍白灵菇感观指标：色泽淡黄色、黄褐色，具有盐渍的滋味和气味，无异味。单朵菇重 85～225 克，形态按照品种不同而定，菌盖平展或欠平展、完整，有卷边，表面无黄斑块或绒毛状斑块；切柄，菇体厚度 2.5 厘米，菌褶完整或少量破损或倒纹。氯化钠含量 20 波美度以上，pH 值 3.5～4，食盐符合 GB 5461 标准要求，致病微生物不得检出。盐渍品保持期可达 1 年以上。

四、切片脱水干制技术标准

白灵菇产品除适于鲜销和加工罐头制品外，对朵形稍差、肉质偏薄，质量次之或等外品，可采取切片晒干或机械脱水干燥。其操作技术标准如下。

(一)选料切片基本要求

作为切片的白灵菇，要求菇体清洁卫生，不夹带杂质，色白，无斑，无霉烂，无变质。虽对朵形无要求，但一定要新鲜。然后用切片机或手工切成厚度 0.4～0.45 厘米的片状。

(二)脱水干燥技术标准

小批量生产可采用阳光暴晒至干，有一定商品量的应采用机械脱水干燥。脱水加工操作规程如下。

1. 分别排筛 按照切后的菇片，长短宽窄分开排于烘筛上，并要求排得均匀。

2. 控制温度 白灵菇鲜品含水量一般在85%左右，烘干时起烘温度不低于40℃，2小时后升温至50℃～60℃时，打开机内通风窗，将菇体水分通过热气流排出窗外，烘干时间一般为6～8小时。

3. 干燥检测 烘干后的菇片含水量掌握在13%，即达到干品标准。鲜品的烘干率为7∶1，即7千克鲜菇，经切片烘成干品1千克。

(三)产品质量标准

菇片现有采用物理筛选，即将干菇片置于不同规格分级圈的振动筛上，筛出大小不同级别，去掉碎片和粉屑；通过手工捡出烧焦片或粘杂片。然后按菇片长短宽窄分开，放于清洁干燥双层塑料袋内，扎好袋口防止回潮。菇片含水率13%以下，片厚0.2厘米以内，厚薄均匀，色白，无斑点，无焦片，无水黄片，无杂物，碎片低于1%，有白灵菇的气味，无其他异味。

五、白灵菇罐头生产工艺标准

白灵菇现有除保鲜应市外，加工罐头制品是产品的一个好出路。白灵菇罐头生产工艺，目前还没有国家标准。这里根据现代化罐头机械设备流水线生产的企业标准如下。

工艺流程：

原料验收→浸泡清洗→预煮冷却→修整分级→空罐消毒→称重装罐→配料注汁→真空封口→杀菌冷却→擦罐恒温→打检包装→检验入库

(一)原料验收,浸泡清洗

白灵菇子实体要求呈掌形和马蹄形,体态完整、质地丰厚、新鲜饱满、菇色洁白,无严重机械损伤和病虫害。优质菇150～250克,合格菇100～140克、250～400克,菌柄切削良好,不带泥根或菌渣。验收合格的白灵菇原料,按级分开,采用汽泡清洗机流动水进行洗涤10～20分钟,达到清洁光滑无泥土、杂质。

(二)预煮冷却,修整分级

洗净的原料菇,迅速送到连续式预煮机内预煮18～20分钟,水温控制100℃,并在水中加0.1%柠檬酸护色;再输进冷却槽内冷却,直至原料中心温度降至常温。然后进行修整,要求保持菇体原状,菇面平整光滑,按级别大小分别盛放。

(三)空罐消毒,称重装罐

空罐采用高压清水冲洗,洗灌机水温72℃左右;再用蒸汽冲淋消毒3分钟后,放置周转箱内。装罐前计量器具清洗消毒,并校正天平;装入菇要求形态良好完整,同一罐内色泽、大小应均匀较一致,搭配合理,称重准确。其规格为单朵、两朵、三朵,9121罐重量350～420克。每半小时抽查1次装罐量,并控净罐内余水。

(四)配料注汁,真空封罐

先将清水放入配料锅内煮沸,再加入食盐溶化后关闭气阀,最后加入柠檬酸0.1%、维生素C 0.1%等辅料搅匀,pH值5.2～6.4,并用120目滤布过滤到配料槽内。用水泵打入加汁桶，通过加汁机进行加汁。事先调整好加汁机的流量，测量汤汁达到82℃以上，然后送罐加汁。9121罐每罐加汁355～450克，以菇体不外露为度。加汁后及时进行真空封口，封口时罐内中心温度应达到70℃以上，每锅汤汁必须进行测温，要求半小时1次。封罐的真空度为350毫米汞柱以上。封口要求外观平整、光滑，无牙齿双线等。封口率必须达到3个50%以上(紧密度、叠接率、完整率)。要求每2个小时解剖1次，检测结果并留原始记录。

(五)杀菌冷却，擦罐恒温

杀菌公式：610罐 10′—23′—5′/121℃，9121罐 10′—27′—5′/121℃(分子表示升温、恒温和降温所需的时间分钟)。

操作要点：将封口后的罐头装入高压杀菌锅内，待温度升至120℃时，关闭凝水阀，进行保温计时。保温结束后进行压缩机反压、冷却，反压压力(均0.1～0.2千克)。杀菌后擦净罐体表面的浮水油污，然后进入恒温间码垛，每2小时测温1次，恒温时间5昼夜，温度保持37℃±3℃。

(六)挑选包装，检验入库

包装前打检，剔出低真空罐、废次品罐。擦净罐面，贴标装箱。罐头打字，要求字迹清楚、标准。商品标签要符合GB 7718-1994《食品标签通用标准》，要求商标贴正、无掉标、脏标现象。装箱排列整齐，箱体表面清洁卫生。包装箱质量要符合国家标准GB 12308金属罐食品罐头包装纸箱技术条件的要求。纸箱贮运图标要符合GB 191国家规定的标志。

(七)罐头质量标准

白灵菇罐头质量标准,现行均按产区的企业标准执行。

1. 感观指标 白灵菇罐头感观指标,见表7-6。

表7-6 白灵菇罐头感观指标

项 目	指 标
色 泽	菇体乳白色,汤汁清晰或呈淡黄色
滋味气味	具有白灵菇应有的滋味和气味,无异味
整 菇	菇体完整有弹性,切柄、菌褶少量破或倒,浅白色或淡黄色
整片菇	沿菌盖直径平行切片或沿菌柄纵轴切片,长度≥6厘米,厚薄均匀,厚度≤0.4厘米
碎片菇	片长度≤5.9厘米,厚度≤0.4厘米

2. 理化指标 白灵菇罐头理化指标,见表7-7。

表7-7 白灵菇罐头理化指标

项 目	指 标
净 重	9121罐型850克,允许偏差±5%,每批平均不低于净重
固形物	不低于净重50%,允许偏差±5%
氯化钠含量	0.8%~1.5%
pH值	鲜菇原料加工的罐头pH值5.2~6.4,盐渍菇加工的罐头pH值5.0~5.6

卫生指标应符合GB 7098-2003《食用菌罐头卫生标准》要求。

附录一　白灵菇菌种种源单位介绍

详见附表1。

附表1　白灵菇菌种种源单位介绍

菌株代号	单位名称	通讯地址	咨询电话
50869、50914	中科院微生物菌种保藏中心	北京市海淀区中关村北1条13号	010-62554548
天山1、2、3号	天山菌业研究所	新疆哈密市八一路14号	0902-2313446
白灵菇1、2、3	河南省农科院生物研究所	河南省郑州市花园路28号	0371-85722880
农大K_2号	北京吉蕈园科技有限公司	北京市圆明园西路中国农业大学内	010-89862311
白灵菇1、3、3	北京金信食用菌有限公司	北京市通州区马驹桥镇大杜社	010-61584604
白灵菇3号	华中农业大学菌种实验中心	湖北省武汉市华中农业大学内	027-87386167
朝白1号	朝阳食用菌研究所	辽宁省朝阳市新华路一段129号	0421-2860290
吉灵2号	广水市珍稀食用菌研究所	湖北省广水市技术经济开发区，吉阳大厦	0722-6429999
白灵菇01	石家庄市创新食用菌研究所	河北省石家庄市新石南路141号	0311-88996612

续附表 1

菌株代号	单位名称	通讯地址	咨询电话
白灵菇 2、A_1	高邮市真菌研究所	江苏省高邮市文游路 10 号	0514-4624548
白灵菇 2 号	辽宁省食用菌技术开发中心	辽宁省沈阳市长江北路 39 号	024-86126921
天山 1 号、3 号	上海市农科院食用菌研究所菌种场	上海市闵行区南华路 35 号	021-62200538
掌形白灵菇	金乡真菌研究所	山东省金乡县鸡黍镇	0537-8852477

附录二　食用菌生产成套机械设备

详见附表 2。

附表 2　食用菌生产机械一览表

名　称	型　号	单位	参考价元/台	产品说明	备　注
切碎机	MQF-420 型	台	1600	适于各种木材一次性加工成木屑，配 15～18 千瓦电动机，每小时产量 1000 千克	1997 年全国名优产品
切片机	MQ-700 型	台	4000	适于各种木材切片，每小时产量 3000 千克，配 11～15 千瓦电动机	
粉碎机	MQ-400 型	台	1300	适于树木枝桠、野草、豆秸、棉花秆等粉碎，每小时产量 200 千克，配 11～15 千瓦电动机	获国家专利产品
杀菌锅	MSG-260 型	台	1800	菌种培养基高压灭菌，每次 260 瓶	
装袋机	WP	台	360	配多口径套筒，适用多种菇菌装袋，配 1.5 千瓦电动机，每小时 800 袋	不带电动机，多功能
装袋机	WP-90 型	台	150	适折径 15 厘米袋装料，每小时 800 袋，配 1.5 千瓦电动机	1997 年全国名优产品

续附表 2

名　称	型　号	单位	参考价 元/台	产品说明	备　注
脱水机	LOW-260 型	台	3800	食用菌鲜品脱水烘干	整机含排风扇
拌料机	WF-70 型	台	3000	培养料搅拌，每小时 1000 千克，配 2.2 千瓦电动机	带电动机
灭菌炉	CLSG 电脑控制型	台	2600	料袋常压灭菌用	
排气扇	FA-600 型	台	420	菇品烘干、脱水配套设备风量 230M3/分钟	1.1 千瓦
热交换器	LOW	台	450	菇品脱水烘干配套设备	
烘干机	SHG 型	台	28000	菇品烘干加工设备	
接种机	BJ-3D14	台	3000	菌袋接种，配 750 电机生产功率 700 袋/小时	获国家专利

出产厂家：古田县顺利食用菌机械制造厂

厂址：福建省古田县城关莲桥工业园区

邮编：352200

咨询电话：0593-3882225

传真：0593-3894518

主要参考文献

1 贾身茂,张余霞．食用菌标准汇编(一)．北京:中国标准出版社,1997.5

2 杨新美主编．中国食用菌栽培学．北京:中国农业出版社,1998

3 卯晓岚．中国大型真菌．郑州:河南科学技术出版社,2000

4 李育岳等．食用菌栽培手册．北京:金盾出版社,2001

5 郁樊敏等．有机农业与有机蔬菜栽培．上海:上海财经大学出版社,2001

6 李正明等．无公害安全食品生产技术．北京:中国轻工业出版社,2002

7 管其宽,陈健．白灵菇人工栽培与加工．北京:金盾出版社,2002

8 张金霞．食用菌安全优质生产技术．北京:中国农业出版社,2003

9 于开亮,梅福杰等．无公害白灵菇生产技术规程．上海:食用菌,2003(2)

10 阎瑞香,江常杰等．白灵菇高效栽培及贮藏保鲜技术．昆明:中国食用菌,2003(2)

11 顾二熊,刘杨．国内外食用菌专家和标准年鉴．北京:中国食用菌协会,2004.4

12 贾身茂．白灵菇无公害生产技术．北京:中国农业